# 世界上神奇的
犹太人
智慧全书

戚 风 ◎ 著

台海出版社

图书在版编目（CIP）数据

世界上神奇的犹太人智慧全书 / 戚风著. -- 北京：台海出版社，2024.12.（2025.5重印） -- ISBN 978-7-5168-4047-4

Ⅰ.B821-49

中国国家版本馆CIP数据核字第20244ML396号

世界上神奇的犹太人智慧全书

著　　者：戚　风

责任编辑：徐　玥　　　　　　　策　　划：周建林
封面设计：沐　云

出版发行：台海出版社
地　　址：北京市东城区景山东街20号　　邮政编码：100009
电　　话：010-64041652（发行，邮购）
传　　真：010-84045799（总编室）
网　　址：www.taimeng.org.cn/thcbs/default.htm
E-mail：thcbs@126.com

经　　销：全国各地新华书店
印　　刷：天宇万达印刷有限公司
本书如有破损、缺页、装订错误，请与本社联系调换

开　　本：670毫米 × 950毫米　　　　1/16
字　　数：150千字　　　　　　　　　印　　张：14
版　　次：2024年12月第1版　　　　　印　　次：2025年5月第2次印刷
书　　号：ISBN 978-7-5168-4047-4

定　　价：52.00元

版权所有　翻印必究

前言

有一种说法："不了解犹太人，就无法真正理解世界。"

犹太人的历史可以追溯到古以色列时期。他们曾是一个拥有繁荣文明的民族，但随着时间的推移，犹太人经历了多次战争、流放和迫害。然而，正是这些磨难使得犹太人更加珍视自己的信仰和文化，形成了独特的民族精神。

在世界人口中，犹太人的总数并不多，但是他们的历史与贡献却令人瞩目。犹太人中出现了许多对世界产生重大影响的人物，如哲学巨匠马克思、科学泰斗爱因斯坦以及精神分析学的奠基人弗洛伊德。此外，在商业、金融等领域，犹太人也展现出了惊人的天赋。

在商业领域中，犹太人的影响力不容忽视。他们的商业智慧和独特的经营理念，使得犹太人在全球范围内取得了显著的商业成就。在众多犹太经典中，我们可以找到大量关于商业活动的教诲。犹太人强调诚信、公平和勤奋，这些品质在商业活动中都是尤为重要的。他们深知，只有凭借这些品质，才能在竞争激烈的商业环境中立足。在现代社会，犹太人依然秉持着这些传统价值观，并将其融入商业实践中，不断创造着商业成功案例。

在很多人看来，犹太人是一个非常热爱金钱的民族，其实他们对智慧的重视，远远超过金钱。由于历史上的犹太人经常寄居在其他国家，所以有着严重的危机感，而人活着拥有什么才能有安全感呢？金钱或权力，都会被人轻易地剥夺，只有智慧才是生存的根本，不会随意被他人夺走。

犹太人对财富和智慧的重视，也被他们应用在教育中。犹太人重视教育的表现是多方面的。首先，犹太人注重教育的普及和公平。在犹太社区，无论贫富，每个孩子都有接受教育的权利。他们相信，每个孩子都是潜在的天才，只要给予足够的教育资源和机会，他们都能发光发热。

其次，犹太人强调教育的全面性和综合性。不仅注重学术知识的传授，还注重培养孩子的实践能力、创新精神和社交能力。他们鼓励孩子参加各种社团活动和志愿服务，以培养他们的团队合作精神和社会责任感。

此外，犹太人还非常注重家庭教育的力量。他们认为，家庭是孩子的第一所学校，父母是孩子的第一任老师。因此，犹太父母会花费大量时间和精力陪伴孩子学习、成长，引导他们树立正确的价值观和人生观。

正是因为犹太人对教育的重视和投入，才能培养出众多杰出的科学家、艺术家、政治家和商人。这些人才不仅在各自的领域取得了卓越成就，也为人类社会的进步和发展做出了贡献。

目录

上篇

财富——引领成功的经商智慧

第一章　财富的六条底层逻辑

每个人都有追求财富的权利	004
金钱没有贵贱之分	007
商业就是一场游戏	010
从一点一滴中积累财富	013
用好手里的每一分钱	016
数字和财富的秘密	019
【智慧启示录】没有财商，就没有财富	022

第二章　先有智慧，后有财富

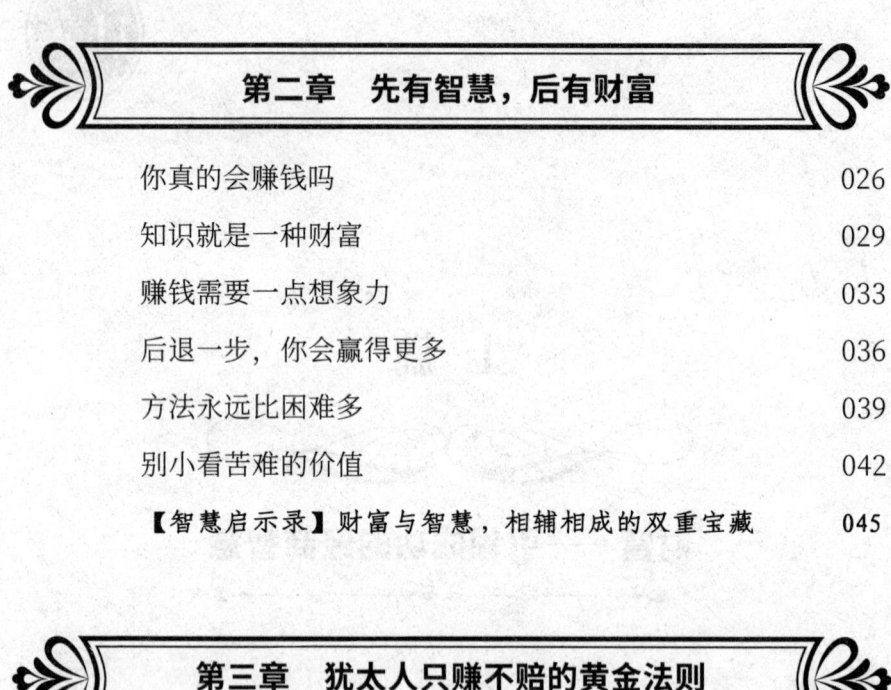

你真的会赚钱吗	026
知识就是一种财富	029
赚钱需要一点想象力	033
后退一步，你会赢得更多	036
方法永远比困难多	039
别小看苦难的价值	042
【智慧启示录】财富与智慧，相辅相成的双重宝藏	045

第三章　犹太人只赚不赔的黄金法则

先问一下自己：我想赚多少钱	048
只赚干干净净的钱	051
"嘴巴生意"是永不落伍的买卖	054
利用信息差赚钱	057
做生意要讲诚信	060
优秀的企业和员工共同成长	063
永远不赚最后一个铜板	066
【智慧启示录】做生意，没有那么复杂	069

中 篇

格局——通往幸福的处世智慧

第四章　人生这盘棋，高度看格局

有节制的生活更高级	074
超越别人，不如超越自我	077
人生不能没有信仰	080
人生苦短，及时行善	083
生命的真相是不圆满	086
【智慧启示录】没有格局的几种表现	**089**

第五章　心态决定人生的境界

善待自己，让生活多姿多彩	092
面对困难，不妨再坚持一下	095
任何时候都要谦虚谨慎	098

婚姻同样需要经营 101
自我反省是一种成熟的表现 104
调整预期,天下就没有难事 107
放下仇恨,学会与自己和解 110
【智慧启示录】消极心态,人生的绊脚石 113

第六章 高情商的社交艺术

与人友善,人脉自会涌现 116
倾听是有效沟通的基础 119
给人留下良好的第一印象 122
轻易借钱,小心为自己树敌 125
言语轻如风,伤人却最深 128
赞美带给人的喜悦无可比拟 131
幽默感,人际关系的润滑剂 134
【智慧启示录】低情商带来的几种问题 137

下篇

传承——指引未来的教育智慧

第七章　永远把教育放在第一位

没有教育，就没有未来	142
教师是一个民族的精神领袖	144
家庭教育是不可替代的	147
接受不完美的儿女	150
平等地看待男孩和女孩	153
教会孩子尊重他人	156
培养独立且自信的孩子	159
让孩子养成健康的饮食习惯	162
爱，需要说出来	165
【智慧启示录】当代家庭教育普遍存在的痛点	**168**

第八章　从小开始财富启蒙课

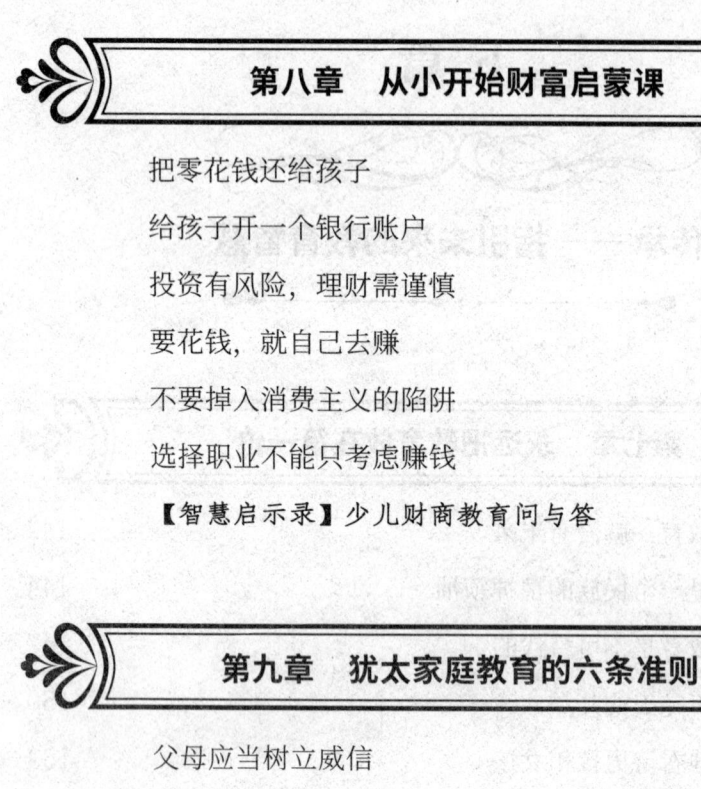

把零花钱还给孩子　　　　　　　　　　172

给孩子开一个银行账户　　　　　　　　176

投资有风险，理财需谨慎　　　　　　　179

要花钱，就自己去赚　　　　　　　　　182

不要掉入消费主义的陷阱　　　　　　　185

选择职业不能只考虑赚钱　　　　　　　188

【智慧启示录】少儿财商教育问与答　　191

第九章　犹太家庭教育的六条准则

父母应当树立威信　　　　　　　　　　194

温柔而坚定的教育方式　　　　　　　　197

表达不满时，切忌羞辱孩子　　　　　　200

在孩子面前没有谎言　　　　　　　　　203

过度表扬反而会害了孩子　　　　　　　206

对孩子的承诺一定要兑现　　　　　　　209

【智慧启示录】沟通与理解，构建和谐亲子关系　212

上 篇

财富——引领成功的经商智慧

财富的密码，被犹太人谙熟于心。他们从小就被教育要善于抓住财富，认为商业是实现人生价值的理想方式。跟着他们学经商智慧，赚钱真的不难。

第一章
财富的六条底层逻辑

财富的重要性不言而喻,然而拥有财富并非易事。除了努力,还需要机遇的眷顾,更需要具备一定的财商。财商,即个人在财务方面的智慧和能力,它决定了我们如何管理、增值和传承财富。没有财商,就没有财富,这是不容忽视的事实。

每个人都有追求财富的权利

世界上的各个地区，都有善于经商的民族，犹太人就是其中之一。犹太人对财富始终保持积极的态度，他们不避讳谈及金钱和财富，并且乐于总结获取财富的经验。也正因如此，犹太人逐渐形成了他们独特的生意经。在数千年的历史长河中，纵使经历千辛万苦，仍旧保持着鲜明的特色。

很久以前，犹太人就开始在各地区间建立贸易网络。同时，为了解决贸易上的争端，确保交易的顺利，他们还建立了细致的交易规则。例如，在进行交易时，双方必须要讲道理，即使自己事先没有获得对方任何保证，也有权利要求商品的品质符合要求。

在犹太人心中，财富早已不再是金钱那么简单，而是与幸福紧密相关，成为人生完满的一部分。他们认为金钱是上帝给的礼物，是上帝给人以美好人生的祝福，每个人都有追求财富的权利。犹太人对金钱的热爱不仅仅局限于现实生存的需要，还是一种精神的寄托，更是成就美好人生的方式和工具。

很多犹太人终其一生都在为获取财富而努力，他们从父母那里继承了财富，并坚定地认为，以后留给孩子的财富一定要比自己继承的多。倘若留给子女的财富变少了，就意味着自己的人生是失败的。

犹太人重视财富，但这并非是贪婪成性，而是因为他们非常了解财富对人生的意义。犹太人坚信，人是活在现实中的，衣食住行都是生活的必需品，人不可能脱离物质。当意外或灾难来临时，财富就会变成避难所，能够帮助家庭度过危机。如果没有财富，连遮盖风雨的一席之地都无法拥有，幸福生活更是无从谈起。

智慧故事

17世纪，一艘航船跨过大西洋，从欧洲来到了北美洲。这艘船上的乘客身份复杂，有的是新兴的资本家，出于对财富的渴望，不远万里来到崭新的土地上寻求机遇；有的是政府派出的官员，奉命前往新大陆，为各种团体谋取利益。而在这些人当中，有一个23人的小团体，他们全都是外出避难的犹太人。这些犹太人原本长期客居在荷兰，和当地的居民相安无事，然而不知何时掀起了一阵反犹的思想，很多犹太人为此散尽家财，向各方势力求援。最终，在当地政府的裁定下，犹太人保住了性命，但不被允许继续在当地生活，被迫踏上了流浪的道路。

在一望无涯的大海上，这些犹太人的命运也像航船一般随波涛起伏，随时都有可能沉没。万幸的是，他们没有遇到骇人的风浪，平安抵达了新大陆。在这片陌生的大陆上，其中一名犹太商人设法联系了荷兰西印度公司中的犹太股东，并且在他们的帮助下，在当地定居下来，建立了北美洲第一个犹太居住区。

如今，很多人喜欢抱怨生活的不公平，认为自己即便再努力，也很难有出息，于是放弃了致富的梦想，甘愿浑浑噩噩地度过余生。然而，历史告诉我们，一帆风顺的人生并非常态，挫折与磨难是大多数人无法避免的。

向命运屈服，或许能给你带来短暂的舒适和安逸，但它无法给你真正的满足和成就感。人生的意义在于努力奋斗，追求自己的梦想和目标。犹太人的智慧告诉我们，永远不要放弃对财富的渴望，努力致富能让我们拥有更多的选择和自由。当拥有一定的财富时，我们才可以自由地决定自己的生活方式，选择自己喜欢的工作，追求自己的兴趣爱好。

金钱没有贵贱之分

对于金钱，有人认为它是万恶之源，因为很多人为了赚钱不择手段。在金钱的诱惑下，人们逐渐变得贪婪，甚至走向犯罪的深渊。金钱也会带来竞争和冲突，为了争夺资源和利益，人和人之间会互相争斗，甚至破坏社会的和谐与稳定。

而在犹太人看来，金钱只是一种工具，它的作用取决于使用它的人。金钱就像一把双刃剑，过度追求金钱，确实会让人双眼被蒙蔽，从而忽略了人生真正的幸福。但是，如果能够正确看待金钱，将其作为实现人生目标和改善生活的手段，而不是人生的最终目标，那么它就是一种有效的工具。

金钱是财富的一种，是一个人所拥有的物质财富的具象化表现，它本身不存在贵贱。犹太人对金钱的态度十分清醒，他们把金钱看作工具，只要能够赚钱，且不违反人类道德规范，那么做什么工作都是值得尊重的。他们丝毫不认为做清洁工低贱，而做老板就高贵，区别只是二者赚取的金钱数额不一样罢了。他们不会因为自己所从事的职业不好而感到羞愧，即使在做的是大众价值观里"廉价"的工作，心态也表现得十分平和。不管是从事脑力劳动，还是体力劳动，只要是自己辛苦赚来的钱，就应该心安理得，泰然处之。

智慧故事

在一场演说中，台下的观众向主讲人提出了一个问题："关于金钱，有人说它是人类的好朋友，有人说它是邪恶的，您是如何看待这两种说法的呢？"

讲台上，主讲人透过聚光灯散发出的光芒，看着台下安静的观众，沉默了一会儿。随后，他从口袋里拿出了一张20美元的钞票，举在空中，对着台下说："这是一张崭新的20美元钞票，我昨天才从银行里取出来，闻着钞票上的油墨香味，我知道这是一张货真价实的钞票，绝对不是虚假的。现在，我决定把它送给现场的一位观众朋友，没有任何代价。有谁想要吗？"

在犹豫之中，只有几个人举起了手。

看着台下的观众似乎还有所怀疑，主讲人又拿出一张50美元的钞票："大家似乎并不太相信，我手里现在拿的是一张50美元的钞票，有谁想要？"

在主讲人的情绪推动下，更多的人举起了手。

主讲人没有立即把钞票送出去，而是攥在手里，用力揉了揉，钞票变得皱巴巴的了，然后又问观众："现在还有人想要吗？"

观众们并没有犹豫，依然举着手。

主讲人又将钞票放在地上，用力踩了几脚，现在钞票上沾满了灰尘和脚印，完全看不出是一张新钱了。"还有人要吗？"主讲人问。

一些人露出了鄙夷的神色，犹犹豫豫地将手放了下来。

主讲人这时说："看到了吗？当我拿出一张崭新的钞票时，人们都想要，当它变得褶皱、肮脏时，很多人就不喜欢了。但它依然是50美元，依然可以用来购物，它的价值没有变化。金钱就只是金钱而已。"

看待金钱的态度，折射了我们思想的层次。有的人，会变成金钱的奴隶，也有的人，能清晰地认识到金钱的价值。拥有金钱，我们可以购买自己喜欢的房子，开上自己中意的车子，满足自己的物质需求。但世界上还有很多东西是金钱无法买到的，例如飞速流逝的时间、一去不返的感情。当我们拥有成熟的价值观和人生观，才能够理智地对待金钱，处理财富，并明白金钱的价值不仅仅在于数量，更在于金钱的来源和使用方式。

商业就是一场游戏

在很多人的印象中，创业经商是一件苦差事，要忍得住磨难，受得住寂寞。一旦经商，自己就再也没有闲暇时间了，每天都要为公司的发展而忧虑，时刻担惊受怕。一旦创业失败，更是处于煎熬之中，面对负债累累的困境，找不到挣脱突围的途径，便开始后悔踏上创业的道路。

但在犹太人看来，商业充满了乐趣。许多成功的犹太商人一边手握巨额财富，一边还能轻松协调工作和生活。很少在他们的脸上看到惊恐与沮丧，似乎他们从来不会担心企业的发展问题。

犹太人认为，在赚钱的时候你就进入了一个游戏的世界。在这场游戏中，充满了挑战与机遇。把商业看成一场游戏，并不意味着轻松或随意。相反，它需要企业家具备高度的专业素养和敬业精神。只有这样，才能在这场激烈的商业游戏中取得胜利。作为游戏的参与者，需要不停地和对手进行较量，采用正确的策略来胜过其他参与者，赢得最后的胜利。

这种状态，和游戏简直太像了。回想一下，我们在游戏的时候，不也是努力思考对策，提升自己的技能，同时还能收获满满的乐趣吗？游戏需要策略，商业同样需要。我们需要制定明智的战略，考虑各种因素，如市场趋势、竞争对手、消费者需求等。灵活调整策略，以应对不断变化的商业环境。另外，也需要注意风险管理，避免自己陷入不可挽回的困境。

智慧故事

1919年，经济危机席卷整个美国。这场危机让当时的美国人充满了悲观失望的情绪，然而年轻的康拉德·希尔顿却并不这么想。康拉德·希尔顿是一名犹太人后裔，他起初想要创办一家银行，但是很快发现自己做不到这一点，于是改变主意，改为创办一家旅店。他找到了一座不错的房子，房屋主人给出的价格是4万美元，希尔顿四处筹款，最后租下了旅店。他将旅店经营得十分成功，几年后就还清了欠款。

这次成功的经验，让希尔顿体会到了商业的乐趣，于是他决定扩大自己的事业版图，在这场游戏中投入更多的资源。他在达拉斯的商业大街上找到了一处不错的地段，地段的主人老德米克开出的价格非常高昂，远超希尔顿的承受能力。最后，希尔顿提出，自己每年支付3万美元的租金，90年的租期到期后，土地和酒店都归老德米克所有。这是一笔双赢的买卖，老德米克同意了。最终，希尔顿顺利地建成了酒店，并用自己的名字为其命名——希尔顿酒店。

美国纽约大学教授詹姆斯·卡斯曾写过一本书——《有限与无限游戏》，书中说："世界上至少有两种游戏，一种可称为有限游戏，另一种可称为无限游戏。有限游戏以取胜为目的，而无限游戏以延续游戏为目的。"商业应当是一场无限游戏，在这场游戏中，我们的目标并不是赢，而是一直玩下去，这样才能长久地体验其中的乐趣。

被誉为"华尔街之神"的金融大亨约翰·皮尔庞特·摩根也持同样的观点。他绝不让赚钱变成一种沉重的负担，而是把它看成新鲜刺激的游戏，他喜欢的并不是金钱本身，而是那种一次次投入资金，又一次次地通过自己的智慧把钱赚回来的感觉。尽管这期间充满了风险和艰辛，但这不就是世界的本来面貌吗？如果人生总是一帆风顺的，那么我们肯定很快就会厌倦了这种没有任何挑战的生活状态。只有丰富多彩的生活，才会让我们珍惜。

把商业当作游戏，把每一次的胜利都当作对自己的奖励，唯有如此，才能真正地热爱商业。热爱的事物会激发自己的潜能，付出更多的辛勤和努力，自然也会收获更多。只有以这样游戏的心态去赚取金钱，才是良好的经商心态。

从一点一滴中积累财富

人们常说,要想成大事业,必须先有大志向。然而大多数人的一生并不是按照规划中的样子走出来的,更多的是走一步看一步,不断摸索,不断前行。

犹太人的骨子里刻着白手起家的信念,他们即便身处底层,做着最平凡的工作,也不会灰心丧气,而是努力将平凡的工作干得出色。他们深信,财富的积累要从一点一滴开始,不要因为钱少,就不愿意工作,或者在工作中提不起热情。任何一种成功都是一点一滴积累起来的,没有这种心态就不可能成为优秀的商人。

经商和务农,在本质上是一样的,都是一分耕耘,一分收获,只是二者实现的路径不同。人可以弄虚作假,但是种植庄稼的时候,容不得半点虚假,因为地里的收成可不会陪你演戏。经商也是一样,财富的积累并非一蹴而就,而是从一点一滴中积累出来的。

做生意最怕的不是没有雄心壮志，而是从一开始就充满贪欲，不切实际的幻想会让人变得浮躁，忘了脚踏实地的理念。这不仅无法获得更多的财富，反而会让已经拥有的财富悄悄溜走。

一点一滴地积累财富，意味着要养成良好的理财习惯，包括制定合理的预算，明确收入和支出，避免不必要的消费。通过记录每一笔开销，我们可以更好地了解自己的消费模式，并找到节省的空间。这不仅是物质上的积累，更是一种生活态度和价值观的体现。它需要我们不断提升自己，保持耐心，坚持下去。

智慧故事

作为一名享誉全球的企业家，洛克菲勒对犹太人的经典典籍情有独钟，他深知成功源于脚踏实地地积累的道理，因此一生都在奉行犹太人的经营智慧。

洛克菲勒出生于1839年，幼年时期的他家境贫寒，和大多数美国人一样，生活得十分节俭。和很多成功人士不同，洛克菲勒没有机会进入哈佛大学、斯坦福大学等顶尖学校接受优质教育，然而，高中毕业以后，他仍旧选择付费进入福尔索姆商业学院的分校，在那里学习了三个月，之后便开始了工作生涯。

洛克菲勒的第一份工作是簿记员，年薪只有300美元，尽管这笔资金无法让他成为富人，但他仍旧十分开心。洛克菲勒将每天的零用钱节省下来，同时加倍努力工作，千方百计地增加一些收入。这样一直坚持了五年，洛克菲勒终于存下了800美元。他拿着这笔辛苦攒下的钱，当作自己人生中的第一桶金，去经营煤油生意。此后他依然精打细算，千方百计地节省开支，并把盈利中的大部分存贮起来，就这样持续了一段时间，终于积攒了一笔不小的财富，于是他又全力投入了石油产业中。

后来，洛克菲勒创办了埃克森美孚石油公司，后来成为世界上最大的石油天然气生产商，而洛克菲勒本人，也因此被称为"石油大王"。

在生活中，我们常常忧心忡忡，一心只想"暴富"。然而，世界上能够"一夜暴富"的人只是特例，是不可模仿的。能够登上财富榜的人，大多数都是一步步做起来的，他们深谙经商之道，掌握成功的诀窍，通过长期的坚持不懈，才收获了属于自己的财富。

正如古人所言："欲速则不达。"梦想快速发财致富，往往只会让自己走入歧路。作为普通人，能做的只有脚踏实地，稳扎稳打，从一点一滴中积累财富。

用好手里的每一分钱

很多人获得财富之后，第一时间想到的，就是将财富储藏起来，以免来之不易的财富悄悄溜走。然而犹太人非常反对这种做法，他们并非反对储蓄，而是在面对财富时，他们更愿意将其运用起来，从而赚取更多的财富。

这一点在犹太人的日常生活中体现得尤为明显。一方面，犹太人至今仍然偏爱使用现金，尽管他们十分擅长银行业，但是相对于银行存款，他们明显更信任现金。

另一方面，犹太人热衷于经商，只要有商业机会，他们更愿意把银行里闲置的资金拿出来，投入到商机中，为自己创造更多的财富，而不是让财产躺在银行的金库里睡大觉。要想收获财富，就得学会用钱生钱，用积蓄去投资。

当资金进入银行，变成储蓄，却长期得不到有效利用时，犹太人便会产生一种焦虑感,他们担心这种靠利息来补贴家用的生活方式,会让自己养成一种依赖性,从而失去了冒险奋斗的精神。衡量一个人是否具有做生意的智慧,关键是看其能否靠不断流动的有限资金把生意做大。而当一个人失去了锐意进取的精神,那么这个人的事业就离衰败不远了。

犹太人喜欢冒险,但这并不意味着他们轻率冒进。相反,对于投资,犹太人不会轻易出手,只有在确保花出去的1块钱能创造2块钱的利润时,他们才会大胆出击,这是犹太人的共识。如果花出去1块钱,却没有取得收益,那么损失的并不只是1块钱,而是同时损失了赚取2块钱的机会。

智慧故事

为了考验三个儿子的能力,一位大财主拿出了一笔财产,然后将其分成三份,分别送给了三兄弟。财主对他们说,这笔钱是为了感谢他们的辛苦劳动,特意发放的,每个人收到的奖励都一样。随后又叮嘱他们,一定要好好地珍惜和管理这笔钱。

一年以后,财主将三个儿子叫到了身前,向他们询问资金的用途。

大儿子说,自己收到财富以后,十分开心,认为这是财主对自己的认可,富裕的生活正在前方招手。他拿着这笔钱,纵情享乐,很快挥霍一空。他试探着问财主,今年是否也有奖励。没想到,财主立即把他骂了一通。

二儿子说，他拿到钱以后，也十分开心，立即用这笔钱购买了很多家产，剩余的都当作储蓄，藏了起来。财主表扬了他的做法，能够把财产用在家庭生活上，可见他确实是个有责任心的人。

　　轮到小儿子发言了，他说自己收到财产以后，并没有开心多久，很快就感到忧虑了，他知道这笔钱虽然不少，但也坚持不了多久，于是他用这笔钱投资了各种项目。经过这一年时间，其中一些项目获得了成功，他的财产也翻倍了。财主非常高兴，立即宣布小儿子就是自己的继承者。

　　在当今社会中，闲置资金是考验公司管理水平的一项重要内容。为了未来的发展，公司不得不对未来投入很多资金，例如扩建厂房、改进生产线、研发投入等。为此，很多公司不仅不会让资金闲置，还会对外募集资金，吸引更多的投资，以便在市场竞争中占得先机。

　　作为个人，我们也应当仔细思考如何管理自己的资金，不让一分钱闲置才是合格的富人思维。通过将资金投资到有价值的项目中，资本得到高效利用，财富快速增长。财富越多，就越需要认真考虑这个问题。这种思维方式能帮助我们提升财富，但也需要我们面对各种潜在的投资风险，对此我们应根据个人的风险承受能力做好权衡。例如，构建多元化的投资组合是降低单一投资风险的有效手段；通过将资金分散投资于不同行业、地区乃至不同类型的资产中，也可以有效分散风险，减少单一因素对市场表现造成的冲击；同时，保持冷静的心态做投资，避免盲目跟风或冲动交易，也是确保投资决策合理性的关键。

数字和财富的秘密

大多数人对"钱"缺乏清醒的认识,在稀里糊涂中把钱花光了,过后才无奈地说:"不知道为什么钱就没了。"

犹太人很早就意识到了这一点,为此他们总是将数字和金钱联系在一起。每次收获、每次投资,都要明确金钱的数额,拒绝模糊不清,由此练就了犹太人对财富的掌控能力。

金钱让人清醒,数字同样可以让人清醒。

数字的使用,也会让我们更好地进行人生规划。例如:当我们羡慕别人的豪华住宅时,不妨把房子的价格列出来。假设自己所住的房子值100万元,而别人的房子值500万元,那么两者就存在400万元的差距。也就是说,假设房价保持不变的情况下,且不考虑其他方面的支出,我们至少需要再赚400万元,才能实现自己的理想。明确了数额,就有了清晰的目标,朝着目标努力,就有实现的一天。

事实上，正是这种对数字的敏感，让普通人和富人的收入逐渐拉开了差距。有钱人对钱的认识非常清晰，因为他们擅长精打细算，注意到金钱在社会上的流动，然后从中找到商机。在这场商业的游戏中，富人们关注的不再是金钱本身，而是那个代表金钱数量的数字，数字的变化让他们的目标不再混乱。

智慧故事

作为一名犹太人，史威特一直生活在耶路撒冷。他从小家境贫寒，父亲很早就去世了，全靠母亲赚钱，省吃俭用，将他养育成人，还让他接受了良好的教育，直到大学毕业。母亲的辛苦劳作，史威特都看在眼里，因此他从小就立下志向，以后要做富人，让母亲过上更好的生活。

贫穷让史威特对数字非常敏感。从小到大，他必须认真规划好每一分钱的用途。在一个寒冷的冬天，他开着借来的小货车，冒着大雪行进，车却在半途抛锚了。为了节省拖车费，他选择冒着风雪，把车推到了最近的修理厂。

当时，汽车产业正在蓬勃发展，市场需求量在短短两年间翻了一番。城镇和地区的公路上，各种车辆川流不息。史威特敏锐地捕捉到了这一信息，他拿着省吃俭用攒下的钱，开办了一家汽车修理厂，果然生意兴隆。接着他又与别人合资，开办了一家机械制造厂，凭借着对数字的敏感，他很快成为当地知名的富豪。

在当今社会中，移动支付已经成为一种常见的现象，很多人已经不再使用纸币，每天接触的都是数字。只要使用手机，轻轻一按就能进入支付页面，然后输入密码，或使用指纹，消费就完成了。

随着数字的跳动，钱包里的余额也在不断减少。想象一下，拿着厚厚的一沓现金去请客，看着它们在酒店迅速减少，你会感到十分心痛。然而，在使用手机支付时，你甚至不会在消费的数字上多做停留，仿佛那只是一个无关紧要的数字。

支付的便捷程度让人们的消费欲增加。每次消费时，代表价格的数字变得微不足道，但是我们不能只看价格，还应该关注其他数字。例如，之前制订的月消费计划，以及钱包里的余额。我们对数字应当更加敏感，方能避免落入冲动消费的陷阱中。所以，珍惜数字带给我们的清醒吧。在平平淡淡的生活中，培养自己对数字的感知能力，同时也培养了自己的财富能力。

智慧启示录

没有财商，就没有财富

生活中的大多数人，都有一朝暴富的梦想，然而理想很丰满，现实很骨感，实现梦想并非易事。决定一个人是贫穷还是富有，并不完全取决于他是否努力、学历高不高，更关键的是他对金钱的认知，也就是"财商"。

这里，我们将会总结犹太人的智慧，结合现代人常见的财商问题，提出一些见解。

1. 我们应该建立怎样的财富观

财富能够提升我们的生活质量，帮助我们实现梦想和目标。然而财富并不能带来所有的幸福，在追寻财富的旅途中，不该忽略了简单的生活、和谐的人际关系、健康的身体，这些才是我们最宝贵的财富。

2. 为什么热爱理财，却总是做赔本的买卖

理财并非一蹴而就的简单事情，需要掌握系统的知识，拥有丰富的

经验和敏锐的判断力。然而，很多人往往只关注表面的收益，而忽略了投资背后的风险。他们可能只是听信了一些不实的宣传或者所谓的"内幕消息"，便盲目地投入资金，结果往往是血本无归。

3. 如何改掉过度消费与借贷的习惯

要改掉过度消费与借贷的习惯，首先要正视问题，认识到这些行为带来的负面影响。同时，增强财务意识，了解收入与支出之间的关系，明确自己的财务目标和需求。如果您已经陷入了借贷的困境，那么减少借贷、逐步偿还债务是当务之急。首先，尽量减少不必要的借贷行为，避免将债务越滚越大。其次，制订还款计划，按照计划逐步偿还债务。在此过程中，您可以寻求专业财务顾问的帮助，以便更好地管理债务。

4. 听"大V"的建议投资可行吗

"大V"们的投资建议不能轻易相信，因为投资市场是一个充满变数的场所，任何预测都存在一定的不确定性。即使是经验丰富的"大V"，也可能判断失误。此外，"大V"们的投资建议并非完全可靠，他们也可能受到利益的驱动，推荐网民购买某些股票或投资策略，最终导致投资者遭遇损失。

第二章
先有智慧,后有财富

在这个日新月异的时代,我们都在不断地追求着属于自己的成功与幸福。在这个过程中,很多人可能首先想到的是财富,毕竟财富可以为我们提供更好的生活条件,更广阔的人生舞台。然而,真正的智者却深知,财富的积累往往需要智慧的引领和支撑。没有智慧的财富,就像绚丽的泡沫,难以持久。

你真的会赚钱吗

你一定听过这个词语：勤劳致富。似乎只要努力工作，就能改变命运。然而现实生活告诉我们，勤劳未必能够致富，很多人辛劳一生，富裕的却是少数。犹太人很清楚，想要变得富有，当然需要辛勤工作，然而除此之外，还需要赚钱的头脑。

在一档电视节目中，一位富豪曾说："只要你有斗志，就算是弱者也能变成强者。"当他亲自体验了普通人的生活，进行了一天的体力劳动后，改变了自己的想法。原来穷人并不是不努力，相反穷人付出的汗水远远超出他的想象。当他拖着劳作了一天的疲惫身体回到住所时，他发现自己完全不想思考，也提不起斗志，只想放空大脑，什么都不去想，什么都不去做。生活的重担让穷人没有时间思考，也没有时间学习更高级的技能和知识，只能不断地工作来应对生活中的不确定性。

事实上，除了勤劳之外，致富还需要很多其他因素，例如正确的投资策略、把握机遇、足够的知识技能、创新能力、人脉关系等。穷人看起来很忙，但其实只是在机械地做着重复的劳动，忽略了其他因素；富人看起来很闲，实际上他们在拓展人脉、分析市场、制定投资策略等方面付出了大量的时间。最终呈现出的结果，就是穷人越忙越穷，富人却能轻松致富，原因就在于双方努力的方向不一样。

智慧故事

18~19世纪，美国涌起了一股淘金热，无数人怀着一夜暴富的梦想，踏上了西进的道路。在淘金的人群中，有一个木匠，他在挖掘水磨时，无意间发现水里似乎有土块正在闪闪发光。于是，他放下手上的工作，从水里捞起了土块，将土块擦拭干净，只见它黄澄澄的，用力敲击也没有碎。难道是黄金？他怀着兴奋的心情，找到了一个专业人士，经过鉴定，确实是黄金，而且纯度很高。

眼看致富的梦想就在眼前，二人兴奋极了，他们约定一起开发这片宝藏。他们变卖所有家当，全部用来购买淘金的设备，开始在河流旁边工作。尽管他们试图保守秘密，然而那些显眼的设备还是出卖了他们。很快，无数淘金者蜂拥而至，这块杳无人烟的土地，变得前所未有的热闹起来。

一个犹太人也参与了这股淘金的热潮，但是当他来到淘金地挖掘了几天后，发现这份工作并不适合自己。一方面，他的身体十分瘦弱，仅仅几天的劳动，就让他吃不消了；另一方面，他发现这里虽然有金子，但是竞争者数不胜数，每个人淘到的金子并不多。于是他果断放弃了淘金，改成向淘金者售卖生活必需品，例如住宿用品、食品、淘金设备等。

  随着时间的流逝，大多数淘金者并没有赚到什么钱，反而是这个犹太人赚得盆满钵满，成了当地的一个小富豪。

  当一个新的行业出现时，无数人疯狂涌入，制造出相似的产品，然后不可避免地出现产品同质化，最后只能打价格战，行业从蓝海变成红海，赚钱变得十分困难。所以，当一个行业异常火爆时，不要急着进入，不妨看看是否能够向从业者提供服务，开辟新的赛道，这就是用头脑赚钱。

  那些淘金者虽然勤劳，但是能够成为富豪的却很少，原因就在于竞争太激烈了。这种繁忙的工作不一定带来更多的财富，许多人甚至因为过分繁忙而忽略了思考，做出了错误的决策，导致自身经济状况的恶化，这就是越忙越穷。

知识就是一种财富

英国哲学家弗朗西斯·培根说："知识就是力量。"这句话被无数人奉为人生哲理，人们相信，拥有知识的人，才能创造财富，进而拥有美好的人生。

也有人认为，许多拥有高学历的人，最终并没有获得财富，而是像普通人一样，平平淡淡地过完一生。反倒是一些没有读过很多书的人，凭借着自己的勇气和智慧，成功实现了阶层跃迁，因此知识和财富并不能画等号。

其实，知识和财富的关系是紧密相连的。现代管理学大师德鲁克指出，知识是当今社会唯一值得依靠的资源。传统的生产要素是土地、劳动力和资本，然而自从工业革命以来，科技已经成为影响生产力的决定性因素。科技，正是知识的一部分。知识是唯一可以随身携带、终生享用不尽的财富。在竞争日趋激烈的当下，占有知识的多少直接影响着人的生存本领。

犹太人深信，知识就是财富，是知识拯救了这个古老的民族。犹太人在经济经营、商业动作上取得的非凡成就，也要归功于他们这种孜孜不倦的求知精神。

当你拥有了知识，且能将其充分施展时，那么财富就离你不远了。你所赚的每一分钱，都是你对知识的变现，你所亏的每一分钱，都是因为知识的缺陷。这不禁让人想起一句话："你永远赚不到超出你认知的钱。"

智慧故事

在犹太民族中，流传着这样一个故事。

传说，一艘大船出海航行，船上乘坐着许多乘客，他们有的是贫民，有的富豪，有的是工匠，还有一个犹太拉比。拉比是犹太民族中的一个特殊阶层，他们接受过正规的犹太教育，学习过犹太教的各种经典典籍，拥有高深的学问，是智者的象征。

有一天，几名乘客闲来无事，就在甲板上聊起天来。

其中一个富豪说："我是城里最富有的人，拥有的房产和黄金数不胜数，那种满满的成就感和自豪感是无法用言语来形容的。每一分努力、每一次决策，都得到了回报，让我感受到了自己的价值和能力。"

另一个乘客说："我的财富没有你那么多，不过足够让我养家糊口了，想到家人在我的努力工作下能够安稳生活，我也感到很满足了。"

这时，有人问拉比："你很富有吗？"

拉比笑了笑，说："我觉得，和你们相比，我可能是最富有的人了，只是我的财富无法拿出来给你们看，所以你们是不会相信我的。"

众人都以为拉比是信口开河，于是嘲笑了一番，便结束了这次谈话。

中途，大雨袭来，天色变得昏暗，人们几乎无法看清前行的海面。然而也就是在这时，一艘海盗船悄悄接近了大船，乘客们猝不及防，都束手无策。海盗们劫走了所有的财宝和货物，然后扬长而去。

当船抵达下一个港口时，由于缺乏资金，乘客们已经没有钱购买食物和水，无法继续前行了。拉比却凭借着渊博的学识，受到了当地居民热烈的欢迎，他们用丰厚的报酬，聘请拉比担任教师。

这时，那个富豪若有所思地说："原来他所说的财富，正是他掌握的知识啊。黄金可以被掠走，知识却无法被夺走，看来知识果然比黄金更珍贵。"

我们身处的世界，是一个充满了剧烈变化的世界，科技的发展日新月异，知识的更新也远超人们的想象。借助于互联网，信息正在以前所未有的速度向世界各地传播，使整个社会发生了巨大的变化，人们的生活也随之发生改变。

在当下的社会中，知识的重要性越来越明显。其中，既包括专业的技能知识，比如各行各业特定的使用技术、工艺、操作方法；也包括文化与人文知识，比如历史、文学、艺术、哲学这些有助于提升个人文化素养和综合修养的知识。除此之外，一些社会与人际交往技巧、创新与应变能力，都属于"知识"的一种。

一个缺乏知识的人，怎能获得财富，怎能在社会上生存呢？

赚钱需要一点想象力

你有没有想过，为什么付出许多，最后得到的却少之又少？其中一个原因就在于：你对赚钱缺乏想象力。

作为一名普通人，每天埋头苦干，然而我们所走的，是别人早已发现的道路，途中的果实，也早已被无数人摘取过，赚到的钱只够养家糊口，很难创造巨额财富。只有充分发挥想象力，依靠自己的智慧，才能寻找到少有人走的路，淘得人生的第一桶金。

两件商品，功能一样，外观设计相似，配置也十分接近，然而其中一件商品能够卖出高价，另一件只能成为低价产品。你能想象出其中的原因吗？如果你认为不可能，说明你的想象力被严重限制了。

在这个快节奏和不断变化的时代中，真正能让我们脱颖而出的是想象力，想象力能让目光超越现实，看到更远大的图景。聪明人善于投资未来，善于从平凡的表象中，看到别人没有看到的机会。他们发挥自己的想象力评估未来的发展,这使得他们能够做出明智的决定。以智能手机为例,2007年乔布斯推出了第一款iPhone,拥有想象力的人看出它是一款革命性的产品,然而也有很多人墨守成规,依旧在坚持传统手机。结果前者获得了巨额回报,而后者错过了时代的发展。

智慧故事

　　孔菲德,曾被称为美国股海"空手道大师"。和许多人一样,孔菲德从小家境贫寒,没有坚实的家底做后盾,只能依靠母亲的供养和自己的努力在社会上艰难生存。然而贫苦的生活并未击垮孔菲德的意志,反倒让他养成了坚韧的性格,以及对财富的渴望。

　　大学毕业以后,孔菲德找了一份推销员的工作,负责向客户推荐互助基金。当时的欧美各国正处于战后重建的阶段,互助基金成为热门产品,孔菲德也凭借这份工作赚到了不错的收入。不过他的志向并不限于此,他明白这份工作只能勉强养家糊口,并不能长久,对他来说只是一个跳板。因此,在闲暇时光,孔菲德开始深入研究基金的财务和管理工作。他发现基金行业里,最底层的是基层推销员,往上是推销主任,再往上是经理,每一层管理者都能从下属创造的价值中提取分成。这就像一座金字塔,每个人都在其中参与游戏,拿到的回报也是固定的。

　　一个大胆的想法出现了:为什么不成立一家公司,创造属于自己的金字塔呢?说干就干,孔菲德成立了自己的销售公司,取名"投资者海外服务公司"。起初,孔菲德亲自推销各种基金和股票,随着业务越做越大，他招聘了许多推销员，然后从每一个推销员的交易中提取1/5的抽成。随着推销员队伍的不断壮大，孔菲德从佣金中提成的收入越来越高，他已无须亲自去推销了，于是开始专心训练新的推销员，并且组建公司的代理机构。

对孔菲德来说，赚钱就像玩游戏一样，只要掌握了规则，再发挥一点想象力，赚钱一点也不难。就这样，孔菲德的事业蒸蒸日上，短短几年时间里，就轻松赚取了100万美元。

想象力是赚钱的重要因素，许多成功案例都证明了这一点。作为一名普通人，要学会细心观察生活中那些看似荒诞的意见和想法，尊重这些充满想象力的智慧，理解它们、利用它们，让它们成为你成功路上的"垫脚石"。

身处柴米油盐中，我们仍需对外界保持清醒的头脑和好奇的目光。很多时候，一些看似不起眼的角落里，或许就隐藏着财富。通过媒体公布、专家分析，以及与行业人员的友好交流，随时了解新技术和新行业，关注商业环境的变化，为想象力寻找放飞的天空，也为创造财富、拥有财富种下一颗希望的种子。

后退一步,你会赢得更多

常言道:"逆水行舟,不进则退。"在生活中,我们总是勇猛地往前冲,不敢停下脚步,生怕一时的退让,会让自己的人生陷入困境。然而很多时候,尽管我们奋力前行,却看不到胜利的希望。这种状态让我们十分疲惫,很难坚持下去。

其实,后退一步并非什么大不了的事情。人是应该不断往前走的,但也可以在适当的时机下来,听听内心的声音,让自己获得片刻的休息,才能够更好地向前。

人生中无关紧要的事情,更是没有必要坚持。例如,乘车时因为一个座位与他人发生争执,或者闲聊时因为意见不合产生口角,这些小事不会给我们的人生带来任何裨益,过于坚持反倒会给自己带来烦恼。凡是胸怀大志,想要轰轰烈烈干一番事业的人,都是能屈能伸的。生活就像是一盘复杂的棋局,不是每一步都要硬碰硬,后退一步反而能开辟出一片新天地。

当然，我们并不鼓励无原则退让。当别人明显侵犯了你的权益时，你需要勇敢地站出来，表明自己的立场，维护自己的权益。同时也可寻求更有智慧的处理方式，避免进一步的冲突。

智慧故事

有一个勤劳的犹太人，名叫古林，作为家中的长子，他和父亲、弟弟一起辛苦耕耘一块田地。父亲去世以后，弟弟想要独占那块田地，于是对古林说："这块田的面积实在太小了，我们俩又都到了结婚生子的年纪，等到我们都成家了，恐怕很难靠一块田生存啊。"古林听出了弟弟的话外音，他没有和弟弟争吵，而是对弟弟说："你说得很对，其实在父亲还活着的时候，我就已经想要出去寻找新的土地了，现在就由你来守护这片土地吧，这是父亲仅剩的东西了，不要让它荒废了。"

弟弟原本已经做好了争吵的准备，谁知哥哥竟然主动让出了田地，他羞愧地低下了头，对哥哥说："开垦新地哪里有那么容易，我和你一起去吧。"兄弟俩找了很久，终于在一处山坡下，找到了适合开垦的土地。经过连续数天的努力，终于将其改造成适合种植的田地了。

二人的事迹很快被周围人得知，人们看到山坡下适合种植，也纷纷来到这里开垦新地。有一年，雨水不足，很多人的田里出现了缺水的迹象，而古林的田地势更好，他又提前引水灌溉，田里的作物依然长势良好。在嫉妒心的驱使下，有人偷偷挖破了古林的田埂，将水引入自家的田地了。

弟弟发现了这件事，马上告诉了古林，要和他一起去找那人算账。古林却说："算了，那家人的生活也不富裕，假如庄稼都枯死了，恐怕他们一家就要挨饿了。"随后，古林将附近的居民都召集起来，向他们分享了引水灌溉的地点和方法，从此之后，大家的田地再也没有缺水。那些受他恩惠的人，也都纷纷前来感谢他。

不得不承认，古林是一个非常勤劳的人，尽管他事事占理，却依然愿意退让，把利益让给其他人。在外人看来，他的性格或许过于软弱，遇到不公平的事情，总是一味妥协，丢失了自己的正当利益。然而事情的结局证明，古林的做法非常有效，他失去了些许的利益，却用宽广的胸怀赢得周围人的敬重，这是多少钱也买不到的。

方法永远比困难多

困难往往伴随着我们，与生活形影相随，例如财务压力、工作压力、家庭问题等。面对接连出现的难题，或许会让人感到烦恼，发出"人生不值得"的感慨。

对弱者而言，困难就像绊脚石，阻碍前行之路，使我们倍感烦恼。然而对强者来说，困难更像是磨刀石，它让我们不得不接受历练，提升自己的能力和境界。每一次战胜困难，都会离成功更近一步。

古人说："山重水复疑无路，柳暗花明又一村。"即便身处绝境，也不应轻易放弃希望。要相信，方法永远比困难多。勇敢面对，并想办法解决它，只有这样我们才能抵达成功的彼岸，否则将永远停滞不前。

把生活看成一场游戏，困难就像游戏中的一道道关卡。当我们绞尽脑汁，用尽聪明才智，跃过那一道道险阻时，人生的意义就会在那一刻体现出来。原来，人生本无意义，是我们的行动，赋予了人生的意义。

家庭背景、金钱、身体强壮与否，这些对人生的影响固然很大，但是最终决定我们是弱者还是强者的，是我们的内心。内心强大的人，才能成为真正的强者。面对困难时，是否有直面困难的勇气、战胜困难的决心，进而找到解决问题的方法，这才是区分强者和弱者的关键。

智慧故事

20世纪70年代，日本的汽车产业崛起，凭借物美价廉的优势，在美国获得了大片市场。然而繁华的背后，总是潜藏着隐忧。随着日本汽车销量的逐渐增多，困难也开始出现了。当日本汽车的销量逐步上升时，市场份额也逐渐趋于饱和，要想进一步提升销量，就成了一件十分困难的事。

犹太人鲁恩彼时正是日本某汽车品牌在美国加利福尼亚州的一名销售代理，面对当时的这种情况，他的工作自然不可避免地受到影响。当时最常见的做法，就是在报纸和电视上投放大量广告，等着人们来下单。但是鲁恩认为，很多人从未接触过日本汽车，因为他们对日本汽车天然地抱有不信任感，这部分人群的数量是很多的，如果能够打动他们，那么提升销量就会容易很多。

鲁恩对自己销售的产品很有信心，认为它们拥有诸多优势，唯一的难点是如何让那些不信任日本汽车的人看到。当他们开过一辆崭新的日本汽车，再回去开自己的旧车时，就会发现旧车突然之间有了很多不足，在过硬的产品面前，不信任感自然会一扫而空。

于是，鲁恩把所有销售人员召集起来，要求他们每天开车去富人经常出没的地方——比如乡村俱乐部、球场、山庄等，邀请那些富人免费体验新车。这些富人有了新车的美妙体验以后，再坐到自己旧车里的时候，果然产生了很多抱怨，于是陆陆续续来购买新车。当人们看到这些富人也在购买日本汽车时，逐渐打消了他们心中的偏见，日本汽车反而成了性价比的代名词。就这样，鲁恩成功实现了日本汽车的"破圈"，实现了销量的增长。

人生不如意事，十之八九。世界不会随着我们的意愿变得美好，困难总是会不断出现，就像凉爽的秋天过去后，寒冷的冬天就会到来。然而面对困难，我们并非毫无胜算。同样是面对寒冷，候鸟选择飞往南方，寻找更适合生存的地方；企鹅选择存储脂肪，适应寒冷的气候；熊则选择冬眠，静候春天的到来。了解事物的发展规律，找到应对的方法，才能将成功的主动权掌握在手中。

别小看苦难的价值

人生活在世界上，都会遇到坎坷磨难，但也没有过不去的坎。面对困境，心态积极的人懂得捕捉稍纵即逝的机遇，而心态消极的人只会一步步走向堕落。前者是失意不失志，后者是坐以待毙，破罐子破摔。

铭记苦难，并非为了仇恨，而是要从中寻找价值。

人类之所以能够成长，是因为我们跌倒过无数次，伤痛提醒我们什么是对的，什么是错的。苦难是每个人从幼稚走向成熟、从无知走向智慧的一条必经之路，也是成长的代价。一个从未遭遇过挫折的人，是很难变得成熟的，也是很难拥有大智慧的。

苦与甜，本就是二位一体，不了解什么是痛苦，也就无法真正理解幸福的意义。经历过苦难的人会更加深刻地理解生活的艰辛和不易，从而更加珍惜自己所拥有的一切。这种珍惜和感恩可以让人们更加积极地面对生活，更加乐观地看待未来。

成长需要苦难的磨砺，一个民族的成长同样如此。犹太人经历过许多苦难，对个中滋味记忆犹新，为了昨日的悲惨局面不再重现，他们时刻铭记那些历史故事，并将其口口相传，作为民族教育的重要组成部分。

智慧故事

　　在前10世纪左右，犹太民族就已经十分善于经商了，国内经济繁荣，民众生活富足。

　　然而幸福的日子总是短暂的，到了前6世纪，一个强劲的对手在两河流域冉冉升起，它就是古巴比伦王国。在尼布甲尼撒二世的统治下，古巴比伦达到了鼎盛时期，他们修建了庞大的城市，制定了人类历史上最早的成文法典——《汉谟拉比法典》。古巴比伦也由此与中国、古埃及、古印度并称为四大文明古国。

　　在尼布甲尼撒二世的指挥下，巴比伦军队数次攻击犹大王国，直至耶路撒冷彻底沦陷。犹太民族则沦为奴隶，这就是著名的"巴比伦之囚"。他们被迫离开世代生存的土地，开始流浪生涯。

　　苦难生活的煎熬，让犹太人开始重视起自己的文化，他们不愿意那些曾经辉煌的事迹湮灭在历史长河中，于是开始记录和整理他们的宗教和历史传统，这些记录后来成为《希伯来圣经》的一部分。故国家园的毁灭，却换来了犹太民族思想的大发展。

　　隔着两千多年的历史长河，再次重温犹太民族的那段历史，我们会发现，苦难本身是不幸的，但苦难也可以变成推动前行的动力。犹太民族深陷苦难时，没有对生活感到绝望，反而加强了文化建设，这才让自己的民族传统和精神得以保存下来。如果他们当时没有这样做，而是随遇而安，丧失了斗志，恐怕犹太民族的名字，和那些宝贵的精神财富从此就消失了。

俗话说："不经历风雨，怎能见彩虹？"人生有苦就有乐，只有对美好的生活充满希望并为之努力，人生才会变得有意义。苦难不会永远持续下去，要学会苦中作乐，哪怕在困境中也要笑一笑，因为苦尽就会甘来。

智慧启示录

财富与智慧，相辅相成的双重宝藏

在人生的旅程中，智慧与财富无疑是两大宝藏。它们相辅相成，使我们的生活丰富多彩。智慧是一种精神财富，它源于我们对世界的理解，对生活的洞察。智慧让我们看到事物的本质，从而做出明智的决策。这种内在的力量，无法用金钱来衡量，却能让我们更好地管理和运用财富，使其发挥最大的价值。一个拥有智慧的人，懂得如何投资，如何理财，如何在风险与收益之间找到平衡。因此，在追求财富的同时，也不该忘记提升智慧。

这里，我们把人们对财富和智慧的几种困惑和误解列举出来，并进行讨论。

1. 读了那么多的书，却依然过不好这一生，读书真的有用吗

读书是一种获取知识的途径，它的作用并不是赚钱，而是通过阅读，我们可以了解到前人的智慧，提升自己的思维能力和文化素养，为我们的成长和发展提供源源不断的动力。然而，读书并非万能的。我们不能简单地认为只要多读书，就能解决所有问题，就能过上理想的生活，因为人生并不仅是由知识构成的，它还包括了情感、经验、机遇等因素。

2. 财富与智慧哪个更重要

在很多人看来，智慧虽然很好，但是财富更加现实。与其追求虚无缥缈的财富，不如努力赚钱。然而，深入分析后我们会发现，智慧在很大程度上决定了我们能否有效地利用财富，甚至创造更多的财富。有一句话叫"得智慧胜过得金子"，一个缺乏智慧的人，即使拥有再多的财富，也可能因为错误的投资决策或不良的消费习惯而陷入困境。

3. 如何利用智慧增加财富

仅仅依靠勤劳和节俭，未必能拥有财富。在这个快速变化的时代，我们需要运用智慧来增加财富。首先，有智慧的人知道自己的优势和劣势，通过深入了解自己，找到适合自己的财富增长途径。其次，不断学习新知识，提升自己的竞争力，建立人脉与合作关系，并且敢于尝试新的方法和思路，不断寻找机会和突破点。最后，拥有了财富以后，还要学会合理规划和管理自己的财务，包括制定预算、储蓄、消费和投资等，以便降低风险，实现资产的稳健增值。

第三章

犹太人只赚不赔的黄金法则

作为一个历经千年沧桑，却仍能在世界商业舞台上屹立不倒的民族，犹太民族独特的商业智慧和策略令人称赞。在犹太人的商业哲学中，有一些口耳相传的原则，不仅指导着他们的商业决策，实现稳赚的目标，更使他们在生活中屡屡获得成功。

先问一下自己：我想赚多少钱

很多人怀有致富的梦想，但当你向他询问"你想赚多少钱"时，大部分人会立即陷入迷茫之中。有人或许会说："我的梦想是变成世界首富，首富有多少钱，我就要赚多少钱。"这句话看似回答详细，然而这种理想其实不值一提，因为他把别人（世界首富）的财富，当成了自己的目标。他的关注点是别人赚了多少钱，而不是自己需要多少钱。

人生应当奋斗，但在奋斗之前，首先应该明白自己想要什么。很多人忙碌了一辈子，也没有想清楚自己的财富目标，因而频频走入歧路，庸碌一生。

任何想要变得富有的人，都应当有一个明确的财富目标。这个目标应当是合理的、贴近现实的，而不应该模糊不清，或者异想天开。例如，你的目标是实现财务自由，不需要为生活开销而辛苦工作，那么我们的目标就可以用数字来衡量了。根据自己以往的收入和开支，计算一下每年大概需要花掉多少钱，包括衣食住行，以及未来需要准备的医疗、养老、子女教育等费用。计算出来的结果，才是我们真正的目标，而不是根据想象随口说出的数字。

有了明确的目标，接下来便可以据此调整自己的计划。比如，制订长期存款、定期投资的计划，然后在计划的时间内坚持执行。在此过程中，还应将风险囊括其中，充分保障自己的财产安全。这种长远的思维方式，才是实现人生理想的合理方法。

智慧故事

作为一名犹太人，托马斯·布奇斯鲍姆生活在美国得克萨斯州，他在大学时告诉妈妈："妈妈，以后我要成为一家大公司的总裁。"妈妈问他："你是想赚很多很多钱吗？"托马斯说："不仅如此，我还想成为一名优秀的管理者，源源不断地创造财富。"

大学毕业以后，托马斯离开了家乡，前往金融之都纽约，在那里正式开始自己的事业。他首先进入了一家中等规模的证券公司，从事投资咨询。由于业绩突出，仅过了一年，他就在高管朋友的推荐下，前去应聘国家地理公司的财务经理。托马斯经过考虑，认为这份工作可以让他学到更多的知识，于是答应了，最终成功应聘，并在那里工作了4年。4年以后，托马斯又回到了证券行业，决心自己创业。然而现实是残酷的，在创业初期，他几乎每天都在为员工薪金及管理费用忙得焦头烂额，有时甚至要赔本做生意，但他依然坚持了下来。

终于，机会来了。行业内一名资深职员即将离职，这个人拥有10个相当有实力的客户资源，想以100万美元的价格出手。托马斯咬了咬牙，抢在别人之前，将这些资源收入囊中。随后，托马斯对这些客户一一进行拜访，收获了他们的好感。几年后，托马斯的公司挺过来了，业务越来越好，一切步入了正轨，他终于成为一名合格的公司总裁。

托马斯·布奇斯鲍姆的人生之路并不顺畅，其间遇到过很多挫折，但是由于他的目标明确，因此始终能够朝着自己想要的方向前进。

人们常说"选择比努力更重要"，对我们大多数人来说，未来并非清晰可见，而是充满了各种不确定性。所以我们在奋斗之前，首先要清楚自己为什么而奋斗，想要达成什么样的目标，只有有了自己的财富目标，有了自己的生命梦想，才可能离成功越来越近。

只赚干干净净的钱

犹太人虽然爱财,但不会为了钱财不择手段。相反,他们在金钱的诱惑面前,总是能够保持定力,只赚干净的钱,只赚自己应得的钱。有多少付出,就拿多少回报,他们决不让金钱腐蚀自己的灵魂。

没人会嫌钱多,但君子爱财,取之有道。很多时候,一个人是否过得幸福,并不在于拥有多少钱财,而是能够安安稳稳地生活。只有赚干净的钱,我们的生活才能过得踏实。习惯用不正当的途径挣钱,做违背道德底线和法律的事情,即使获取了财富,也会给自己种下恶果,那些赚到的钱财,也迟早会离开。而且整天生活在担惊受怕之中,又何谈幸福呢?

赚干净的钱,意味着我们需要坚持诚信、坚守原则,通过正当的途径获取财富。赚取利益的同时,也让他人能够从中受益。譬如犹太人把商品运送到全球各地,让人们能够用上合适的产品,提高生活质量,同时他们也从中获取了财富。

赚干净的钱，能让人拥有美好的信誉。在商业世界，信誉是至关重要的，绝非金钱可以购买。人们更愿意与信誉好的人合作，因为这样可以让他们减少不必要的损失。

赚干净的钱，让我们免于道德上的困扰，得以坦然享受生活中的美好，与家人、朋友一起共同奔赴美好的未来。努力工作，本分赚钱，用汗水供养家庭，没有什么比这更让人自豪的了。

智慧故事

西蒙是一个农民，他经常上山砍柴，然后运到城里去卖。由于步行十分辛苦，西蒙决定从城里买头驴子，帮助他干活。

一天，西蒙照旧挑着柴，来到城里，卖完柴禾以后，恰好听到附近有人在叫卖驴子。于是他也跟着人群凑了上去。走到跟前，只见那里拴着好几头驴子。西蒙精心对比了一番，然后从中挑选了一头健壮的驴子。和货主谈好价格以后，西蒙立即回家取了积蓄，将驴子买下。

当他把驴子牵回家以后，邻居也过来瞧热闹，对西蒙的收获，邻居赞不绝口，上前仔细地检查驴子。突然，一小块明晃晃的东西掉在了地上，邻居捡起来一看，发现那竟然是一粒金子。

邻居兴奋地喊道："西蒙，你运气真好，驴子身上竟然藏了一粒金子。"

西蒙接过了金子，他的脸上看不出一丝喜悦："这肯定是卖家不小心掉落的，可能是夹在驴子的鬃毛上了，因此没有注意，我得把它还回去。"

邻居说："说不定这是上天看你心地善良，特地奖励你的呢？"

西蒙的神情十分严肃："买到这头驴子，就已经是上天对我的奖励了，这粒金子则不是，收下它，我就会成为一个不诚实的人，明天你跟我一起去城里，把金子还给卖家吧。"

西蒙的做法，让邻居很受触动，于是决定和他一起物归原主。

小时候，老师教导我们：职业不分贵贱。然而进入社会以后，我们会发现生活很辛苦，很多人在压力之下背弃了做人的基本原则。成年人的世界里，仿佛只有利益的博弈。追求利益固然没错，但是在赚钱的同时，应该做个善良的人。不顾一切地追求利益，反而会失去很多的幸福。

挣干净的钱，做干净的人，不为利欲熏心，这是一种高级的体面。身心洁净，自会显露出独特的气质，更容易收获好人缘。

"嘴巴生意"是永不落伍的买卖

中国有句老话："民以食为天。"犹太人同样相信，饮食生意是永远不会落伍的行业。

无论穷人还是富人，都离不开三餐。吃饭喝水是人类真正的刚需，而且每天都要投入成本。穷人在饮食上的投入相对较低，只要够维持基本的温饱，富人却愿意在食物上投入更多的金钱，他们不仅注重食物的味道和口感，还关注食材的来源、烹饪方式以及营养搭配等方面。这种消费升级为饮食生意提供了更多的发展机会。所以，"嘴巴生意"拥有无限的想象力。既可以针对穷人经营小餐馆，也可以针对富人经营星级餐厅。

和其他行业相比，"嘴巴生意"的创业门槛也比较低，只需要具备一定的资金，租一块场地，再练出几道拿手菜，就可以顺利开展业务。在饮食行业的帮助下，无数人改变了自己的命运。

此外，饮食行业还具有较强的文化属性。不同的地域、民族和文化背景都会形成独特的饮食文化。这种文化属性使得饮食生意不仅具有商业价值，还具有文化价值。创业者可以通过挖掘和传承当地的饮食文化，打造具有特色的餐饮品牌，从而在激烈的市场竞争中脱颖而出。

当然，饮食生意虽然具有诸多优势，但想做成功也并非易事。做饮食生意也需要讲究策略。在创业之初，对自己的生意进行定位，明确自己将要为什么样的客户服务，通过研发新菜品、提升用餐体验等方式，实现差异化竞争，才能在市场中脱颖而出。

智慧故事

J.R.辛普洛特曾是世界上最有钱的100位富翁之一，帮助他改变命运的则是看起来毫不起眼的土豆。

第二次世界大战爆发后，美国对军粮的需求迅速提升，饼干、巧克力、咖啡等食物容易保存，很快便得以大量生产。除此以外，士兵还需要蔬菜来补充维生素，然而蔬菜并不容易保存。为此美国政府向商界发出了请求，希望能够供应大量的蔬菜。

辛普洛特得知这个消息以后，马上从中看到商机。他向一名将军游说，提议将蔬菜做成罐头，这样既能长期保存，又便于运输。但是罐头十分沉重，因此他又想到，将蔬菜做脱水处理，做成脱水蔬菜，这样便可以把蔬菜的供应量成倍提升。

在将军的支持下，他很快获得了第一笔订单。于是，辛普洛特马不停蹄地收购了一家蔬菜脱水工厂，专门加工脱水土豆。在工人的努力工作下，成箱的脱水土豆源源不断地运往前线，有效保障了士兵的蔬菜供应。

　　战争结束以后，前线不再需要那么多的军粮，于是很多人选择了转行，然而辛普洛特依旧经营着那家食品加工厂。当时有人试制出了冷冻薯条，辛普洛特学到了制作的方法，他认为这是一种很有潜力的新产品，即使冒点风险也值得。于是，他大量生产，果然不出所料，这种冷冻油炸土豆条凭借独特的口味，在市场上很畅销，为辛普洛特带来很多利润。等到麦当劳快餐店走红以后，辛普洛特又找到了麦当劳的 CEO，凭借自己多年的土豆研发经验，成为麦当劳薯条的供应商。就这样，辛普洛特成功实现了工厂业务的转型。

　　对于路边排档之类的餐饮行业，很多人认为利润不高。其实，看着很不起眼的街头美食摊，赚取的利润或许很可观。只要能够满足一部分顾客的口味，就有机会将生意长久地做下去。

　　在世界各地，饮食生意都是个好生意，原因在于其庞大的市场需求、多样的经营形式、消费升级带来的发展机会，以及文化属性所赋予的独特魅力。

利用信息差赚钱

在生活中，我们每天都被海量的信息冲击，有的人感到不胜其烦，也有人从信息中获取到了财富。在浩瀚的信息海洋中，隐藏着无数宝藏，等待着有识之士去发掘。可以说，商业就是利用信息差赚钱。

无论是大型企业还是小微商家，都在不断地寻求信息优势，以便在市场竞争中脱颖而出。对大型企业而言，他们通常拥有强大的研发团队和数据分析能力，能够迅速捕捉到市场的变化和趋势，从而调整战略，抢占先机。而对小微商家来说，虽然资源和能力有限，但同样可以通过巧妙利用信息差来提升自己的竞争力。

尽管如今是个信息爆炸的时代，但信息差依旧广泛存在。这种差异可能源于地域、文化、职业、教育水平等因素。正是这些差异，为我们提供了赚钱的机会。例如，你对某个行业有深入的了解，知道如何获取最新的信息。那么，你就可以利用你掌握的信息，为大众提供咨询、培训等服务，并且从中获取报酬。

犹太人认为，信息是财富的源泉。他们善于从各种渠道收集信息，包括市场趋势、行业动态、消费者需求等。他们不仅关注宏观的经济环境，还会深入研究微观的市场细节，以便更好地把握商机，通过不断积累和分析信息，准确地判断市场走向，从而制定出有效的经营策略。

智慧故事

有一个卖鱼的人，名叫杰夫，他日出而作，日落而息，以市集为家，以卖鱼为生。每天，他从渔夫那里收购满满一车新鲜的鱼，在市场上售卖。由于他的鱼总是非常新鲜，价格也很公道，逐渐积累了不错的口碑，他也因此发家致富。城里的人都把他看成最会做生意的人，大家都想知道，他是怎么做到的。

有一次，他在和另外一名富商聊天时，对方说起了这个话题。杰夫笑了笑，谦虚地说："其实我并没有什么经商的秘诀，只是我比较勤奋，总是努力搜集各种信息，然后从中发现商机。"

接着，杰夫讲起了他以前的生活。他在卖鱼时，每天早上都会先去港口，了解鱼的捕捞情况，看看哪些鱼的捕获量高，这些鱼的价格肯定会降低。同时，他在卖鱼的时候，还会向顾客询问他们的想法。就这样，他掌握了市场上的各种信息，也就掌握了定价权，用便宜的价格买进，再用公道的价格卖出，他的生意就越来越好。

后来杰夫的生意继续扩张，他开始收集其他市场的信息，做起了跨地区、跨季节的渔业贸易。他会根据各地的市场需求和价格差异，将鱼从价格较低的地区运往价格较高的地区销售。同时，他还会根据季节的变化，提前采购和储存一些稀缺品种的鱼，以便在市场需求旺盛时以高价出售。相比之下，很少有同行像他一样勤奋，对市场信息的掌握，也就不如他那么全面了，赚的钱自然就没有他多。

从杰夫的故事中，我们可以学到一个很重要的商业智慧：只有了解市场上的各种信息，才能做出正确的决策，从而获得更多的财富。

在互联网时代，人们获取信息的难度降低，渠道增多，然而这并不意味着人们掌握的信息是一样的。面对同样一份信息，有的人视若无睹，有的人却会对其进行深入分析，再加上思维上的差距，最终导致的结果是人们对世界的认知依旧存在天差地别。因此在当下这个时代，利用信息差赚钱，依然是一门好生意。

做生意要讲诚信

翻开众多商业巨头的创业经历，我们会发现他们的人生各不相同，但有一点是相同的，那就是他们都强调诚信的重要性，无一例外。诚信如同一笔丰厚的存款，诚信值越高，人的价值也会越高。把事业建立在这一基础之上，财富便会接踵而至。每一笔财富的积累，都是从小到大，从无到有，在这个过程中诚信起着举足轻重的作用。

"诚"即诚实不欺，"信"即恪守信用。诚信是商业道德的重要规范，中国自古就有"童叟无欺"的商业信条，犹太人也同样坚守诚信的人生法则。犹太人认为，信誉开通财路，企业若一开始就有良好的信誉，财源自会滚滚而来。在做生意时，精明的犹太人向来是分毫必赚，但在契约面前，即便是吃大亏，也要绝对遵守，以保住自己的诚信。

犹太商人的诚信还体现在他们的经营理念中。他们坚信，诚信经营是商业成功的关键。在经营过程中，他们始终坚持遵守契约，注重产品质量和服务质量。他们不会为了短期的利益而牺牲客户的利益，也不会用欺诈手段来获取利润。相反，他们更愿意通过诚信经营，赢得客户的信任和忠诚，从而实现长期的商业成功。

诚实守信，就是要求我们维护经济秩序，讲信用，不欺诈。市场竞争很公平，它拒绝欺诈，排斥不择手段的牟利，鄙视一切不诚信的行为。

智慧故事

在一场战争期间，由于物资奇缺，人们纷纷抢购物资，工人甚至拒绝接受工资，而是要求兑换成维持生存的物资。

一位商人在城里经营着一间杂货铺，生意已经濒临破产，有人建议他带上财产逃亡，但他拒绝了，他说："现在外面兵荒马乱的，我又能逃到哪里去呢？况且这里是我的故乡，我曾经答应过大家，要为大家服务，怎么能背弃誓言呢？"商人的一番话，让人们对他肃然起敬，也更愿意照顾他的生意。

为了照顾员工的情绪，商人决定一周发一次工钱，而且不发现金，兑换成食物。每周发工钱的时候，员工只管拿着商人开具的凭证，就可以去附近的米店里领取食物，事后再由商人和米店老板结算账款。

一个衣衫褴褛的小伙子前来应聘，商人见他可怜，于是收他做学徒。等到发薪那天，小伙子对商人说："这周请您给我发工钱吧，我想去买几件干净的衣服。"商人听了，没有犹豫，就发了现金给他。小伙子又向商人借钱，说要去给母亲买药。商人也借给他了。

谁知，小伙子走了以后，就再也没回来。等到下次结账的时候，商人才知道，原来小伙子拿了工钱以后，又去米店领了食物，把两人都给骗了。

商人感到很可惜，但他没有后悔，依然坚持之前的行为。这件事传出去之后，商人凭借诚信的精神，获得了更多的认可。等到战争结束，他的生意做得更大了。

犹太商人的诚信法则不仅是一种商业智慧，更是一种人生哲学。它告诉我们，在人生的道路上，诚信是我们宝贵的财富。坚守诚信，才能赢得他人的尊重和信任，才能实现人生的价值和意义。

社会发展到今天，竞争日趋激烈，要想在优胜劣汰的大潮中站稳脚跟，必须以诚信待人，以诚信经营赢得他人的信任。人无信不立，信誉是一种宝贵的资源，它直接关系人生的未来。靠欺诈、蒙骗得来的不义之财，虽然会让人得到一点小甜头，但随之而来的必将是更大的损失。

优秀的企业和员工共同成长

根据企业对待员工的方式，可以把企业划分为三个等级。一流的企业会主动培育员工，带领员工一同前进；二流的企业只顾自己前进，不管员工是否得到提升；三流的企业做一天和尚撞一天钟，过一天算一天。

培养员工、激发员工的潜能对企业而言是一项非常重要的战略。优秀的员工不仅具备扎实的专业知识和技能，还具备高度的责任感和使命感。他们积极投入工作，勇于创新，为企业的发展贡献智慧和力量。在与企业的共同成长中，员工不断提升自身的职业素养和综合能力，逐渐成为企业的中坚力量。

优秀企业与员工共同成长的过程，也是一个相互学习、相互借鉴的过程。企业在员工身上发现新的创意和想法，从而不断优化自身的业务模式和管理方式；员工则在企业提供的平台上，不断汲取新知识、新技能，丰富自己的阅历和经验。这种双向的学习和交流，使得企业和员工都能不断进步、不断超越。

犹太人认为，优秀的企业家会带着员工一同进步，在培训员工上毫不吝啬。他们很清楚，员工的能力越是优秀，企业的道路就越长久。事实上，人们在选择企业的时候，也会看重企业能够给自己带来多大的提升。

很多人不肯这么做，无非担心两点：第一是他们只盯着眼前的利益，看不到提升员工能够带来的好处。这一点我们已经解释过了，事实证明，提升员工是件双赢的事。

第二是他们担心员工的忠诚度，害怕他们离职，所以不愿意在员工身上做投资。其实根源是利益分配不均。人性是相通的，不患寡而患不均。公平分配的企业，更容易获得员工的认同感。相反，如果企业分配不公平，就算规模再大，也很难获得员工的忠心。

智慧故事

19世纪，英国一家化工企业的总裁名叫蒙德，作为一名犹太企业家，他总是能够站在员工的角度思考问题。

当时的英国正处于第二次技术革命时期，英国的国力强大，然而普通人民的生活并不美好，工人们每天辛苦劳作十几个小时，才能换来微薄的收入。对此资本家们视若无睹，他们关心的只是自己口袋里的利润，至于工人们的生活，不在他们考虑的范围之内。

看着工人们贫困的生活，蒙德感到很同情，同时他也发现，工人们每天把很大一部分精力都放在改善生活上了，根本没有提升自我的念头，所以工人们的技艺和水平迟迟得不到提升。于是，蒙德做出了一个决定，他把工人的工作时间改成了每天8小时，同时每周抽出时间为工人进行培训，考核优秀者可以提升工资。这一举动让人们震惊不已，也惹来了外界的批评，同行们认为他是在沽名钓誉，很不看好他的举措。

然而，事实证明，蒙德的决定是对的。工人们休息的时间增多，精力更加旺盛，工作时便会更加专注，再加上培训与考核，生产力反而提升了，工厂的效益也随之增加。

蒙德的故事证明，尊重员工，才能获得员工的认可。企业要想快速、稳定发展，就应当学会与员工共同成长。

现在的商业氛围更加趋于理性，也更加趋于多元化，人们除了考虑工资水平以外，还会关注自身价值的实现，他们更偏向主动争取属于自身的利益。员工们希望领导能够辅导他们，支持他们，在提升公司业绩的同时，他们也希望公司能够帮助自己实现某一阶段的人生目标。只有高水平的领导者，才会明白激发员工的潜能的重要性，也只有他们才懂得如何激发员工的潜能。

永远不赚最后一个铜板

在这个世界上，金钱就像流水，在不同人的口袋之间不停流转。有人为了它日夜操劳，有人为了它铤而走险……然而，有一句话却如清泉般，让人清醒和冷静——不赚最后一个铜板。

犹太人热爱财富，但也明白适可而止的道理，他们相信最好的状态是持续发展，而不是涸泽而渔。当行业处于高速发展期，我们会发现赚钱很容易，此时就像一片纯净、安全的蓝海。

参与其中的人越来越多，剩下的利益越来越少，此时行业就像一片危险的红海，继续待在里面反而会很危险。因为，容易的钱已经被赚完了，要想维持之前的利润，就必须投入更多的成本。

如何判断最后一个铜板何时到来呢？著名投资家查理·芒格曾给出自己的看法：为了防范风险，我们制定的规矩是不赚最后一个铜板。例如，参照高信用等级的标准收益率，如果某品种的收益率高出 0.125%，则禁止投资。芒格坚持只赚合适的利润，他评估"最后一个铜板"的标准是"收益率超出了正常水平"，如果收益率已经完全没法通过常理来理解，那可能就有问题。通常，当一笔投资的收益超过了正常水平时，就意味着有很多行业外的人也参与进游戏中了。过度的繁荣，往往意味着衰败即将到来。

赚取最后一个铜板，还可能会引起商业伙伴的反感。过度追求利润，容易在商业合作中表现得过于强势，不给合作伙伴留下合理的利润空间，会让商业伙伴感到自己的正当利益受损害。这样不仅会损害合作关系，还可能破坏商业信誉，影响未来的合作机会。

智慧故事

17世纪的荷兰，有一对好兄弟，他们是亚历克斯和约翰。二人怀揣着发财的梦想，拿出积蓄一起做生意。当时，郁金香在荷兰十分稀有，这种美丽的花朵很受欢迎，然而价格十分高昂，只有达官显贵才能买得起。

亚历克斯和约翰也加入到了贩卖郁金香的队伍中，他们把郁金香的球茎从遥远的地方运到欧洲，很快便发了财。此时，越来越多的人注意到了这种美丽的花朵，就连市场上的菜贩和鱼贩都加入其中，他们愿意拿出自己的积蓄，只为购买一颗郁金香球茎，因为他们相信郁金香的价格会一直上涨。

看到人们对郁金香的疯狂迷恋，亚历克斯感到一种莫名的恐惧。他对约翰说："现在的市场已经彻底失控了，我们不要再做了。"

约翰却不以为意，想要再赚一笔。亚历克斯无奈，只好拿着钱，退出了公司。约翰嘲笑亚历克斯的胆小，然后把自己所有的钱都投了进去，甚至借债购买郁金香。

亚历克斯的预感是对的，几年以后，郁金香市场的泡沫破裂，虚假繁荣的真相开始显露，人们开始疯狂撤离市场，许多人因为高价购入郁金香而血本无归，约翰也从家财万贯变成了一贫如洗。亚历克斯由于谨慎，躲过了这场灾难，保住了自己的财富。

不赚最后一个铜板，并非是让我们放弃利润。相反，它是一种对长远利益的考量，是一种对社会责任的担当。即我们在追求个人利益的同时，也要考虑到他人的利益，以及整个社会的和谐发展。

在现实生活中，我们可以看到许多企业，因为过度追求利润而走向衰败。他们忽视了产品质量，忽视了环境保护，忽视了员工的权益，最终失去了市场，失去了信誉，甚至失去了法律的宽容。这些悲剧的发生，无不提醒我们，贪婪是多么危险的东西。

智慧启示录

做生意，没有那么复杂

在很多人眼中，做生意似乎是一项复杂而艰巨的任务，需要处理各种烦琐的事务，应对各种挑战。实际上，经营企业并没有那么复杂。只要掌握了一些基本的原则和方法，就能够稳健发展。犹太人之所以能够在商业领域获利颇丰，是因为他们深刻领悟了经营的哲学。

作为普通人，我们在日常生活中也会遇到很多经营上的难题，使得我们不得不面对失败。

1. 为何辛辛苦苦做出来的产品，消费者不喜欢

首先，想让产品畅销，关键是找到真正能够打动用户的东西，或者与竞争对手相比明显的竞争优势，也就是"痛点"。如果做不到这一点，就无法真正满足消费者的需求。其次，产品设计也是影响产品销售的关键因素之一。产品设计需要考虑到消费者的使用习惯、审美观念以及功能需求等方面。如果产品设计不合理或者缺乏创新，可能无法吸引消费

者的眼球，导致产品销售不佳。

2. 都说餐饮生意好做，为什么还会有人赔本

餐饮行业历来被看作充满商机和潜力的黄金产业，但背后却隐藏着无数的挑战和困难。首先，餐饮行业的竞争异常激烈，同类型的店铺数不胜数，如果缺乏特色和竞争力，很难在市场上立足。其次，餐饮行业的成本较高，食材成本、租金、人工费用等都是餐饮企业必须面对的重要开支。如果成本控制不当，很容易导致亏损。此外，餐饮行业还面临着食品安全问题、市场变化、政策调整等风险。

3. 为什么招了很多员工，却总感觉效率低下

团队是企业的根基，良好的企业团队能够带来利益，松散的团队则必然导致失败。很多公司缺乏有效的管理和激励机制，即使员工很优秀，也会缺乏工作动力，难以发挥出自己的潜力。此外，如果企业的管理层无法高效地协调各部门，也可能导致工作效率低下。

4. "卷价格"和"卷价值"，哪个更好

如今"内卷"这个词经常出现在人们的眼前，由此也衍生出"卷价格"和"卷价值"两种模式。压低成本，降低售价，是"卷价格"；提升产品的附加值和消费者体验，提升价格，是"卷价值"。从长远来看，"卷价值"是一种更明智的做法，它能让企业提升核心竞争力，避免走入价格战的境地，然而在现实生活中，"卷价格"也不失为一种有效的营销策略。关键是要根据企业的实际情况和市场需求，灵活运用这两种策略，实现自己的商业目标。

中 篇

格局——通往幸福的处世智慧

人在忙碌的时候，很容易忘掉生活的目的，离简单的幸福越来越远。拥有独特的处世哲学，才能像春日里的阳光，温暖而不炽热，生活得舒适又自在。

第四章

人生这盘棋，高度看格局

人生如同一盘复杂而精彩的棋局，每个人都是这盘棋中的一颗棋子，或主动或被动地参与到这场游戏中。而在这场游戏中，一个人的格局决定了他所能达到的高度。拥有大格局的人，往往能够站在更高的角度审视问题，把握全局，从而做出更为明智的决策。

有节制的生活更高级

有人说，真正的自由，不是你想做什么就做什么，而是你不想做什么，就不做什么。世界上不存在绝对的自由。在快节奏的现代生活中，人们似乎总是在追求更多的金钱、更多的娱乐。然而，当我们沉浸在无休止的追逐中时，是否曾停下来思考过，这种生活方式真的能给我们带来内心的满足和幸福吗？答案可能并非如此。

更多的金钱，要求我们从事更多的工作，代价则是自己的健康；更多的娱乐，要求我们不断沉浸在各种游戏中，结果消磨了自己的意志，最终阻碍了自己人生目标的实现。

或许，学会节制，才能真正拥有幸福。

学会节制，才能摆脱欲望的控制，真正掌握自己的人生。节制生活，意味着我们要有意识地控制自己的欲望和行为，不让它们无限制地膨胀。这并不意味着我们要放弃追求梦想和享受生活的权利，而是要学会在适当的时候说"不",让自己从无尽的忙碌和追求中解脱出来,回归内心的平静和宁静。

在节制的生活中,我们终于可以静下心来,用内心发现身边的美好。一些简单的行动,如读书、运动、养花、旅行,都充满了乐趣和美感。或者干脆什么也不做,只是安静地坐在窗前,欣赏窗外的风景,感受自然的呼吸,也能让内心感到无比的满足。

智慧故事

一家公司招聘高管,经过层层筛选,最终有三名应聘者进入决赛。在最终的面试环节中,总裁亲自接待了他们,一番寒暄之后,总裁给他们讲了一个故事:"有一个旅行的人,开着汽车行驶在盘山公路上。此时他发现,在陡坡上散落着一些金子,山谷中还散乱着一些汽车的零件,看起来像是发生了一场事故。旅者很希望拿到这些金子,为此他必须把汽车停靠在路边。如果你们就是这个旅者,你们会把汽车停靠在距离路边多近的地方,才能更轻松地拿到金子呢?"

第一位求职者思索了一会儿,回答:"如果是我的话,我会尽可能地靠近路边,距离半米也可以轻松办到。"

第二位求职者说:"我不会开车,只能停在距离路边较远的地方,多费点力气一样可以把金子搬上来。"

轮到第三位求职者,他给出了不一样的回答:"应该尽量远离路边,以免和山谷里的汽车一样发生车祸,然后马上拨打报警电话。"

听到这个回答，总裁很满意地点了点头，对他们说："今天的这道考题，并不是要考验你们的智商。金子就像人的欲望，在欲望面前，能够克制住自己的贪念，保全自身的人，才是真正的智者。市场上从来都不缺机会，缺的是头脑冷静的人，你们都是非常优秀的人，但是我希望这堂课对你们有所启发。"

随后，总裁宣布，第三位求职者被录用了。

节制生活并不是一种消极的生活方式，而是一种生存的智慧。它让我们更加关注内心的需求，更加珍惜生活的美好和与他人的关系。要达到这种状态并不容易，它需要我们克服内心的贪婪和欲望，学会在诱惑面前保持冷静和理智。同时，我们还需要培养自己的自律和毅力，坚持做到适度消费、合理安排时间、保持身心健康。这些虽然艰难，但只要我们坚持下去，就一定能够收获一个更加美好和充实的人生。

超越别人，不如超越自我

生活中不可避免地需要跟他人竞争，年少时争夺成绩和名次，成年后在职场中比较业绩和薪水，年老时又互相比较家庭幸福与否……很多人习惯了与他人比较，似乎超越别人，才是自己人生的意义。

然而，每个人的天赋不同，在成长过程中的际遇也不相同，造就了人与人之间的差别，如同不一样的土壤，开出了不一样的花朵。然而，每个人又都是独一无二的，都有自己独特的优势和劣势。不必为他人的优势灰心丧气，当你在羡慕别人时，别人或许也正在羡慕你。

犹太人从不跟别人攀比，他们总是把视角放在自己的生活上。他们关注的并非是外人的看法，更注重自己的内在成长。在他们看来，外在的成就和荣誉固然重要，但真正的成长往往来自内心的蜕变。所以，我们更应该关注自己的思维方式、情绪管理能力、人际关系处理等方面的提升，通过不断学习和实践，终将发现自己的潜力，并努力实现自我价值的提升。

学会关注自己的内心需求和成长，不被外界的评价和期待所束缚，只管奋力前行，走属于自己的路。只有真正了解自己、接纳自己、超越自己时，我们才能成为自己生活中的大赢家。

智慧故事

城里有两位杰出的人才。一位是富翁，拥有数不清的财富。另一位则是一名犹太教师，教出过许多优秀的学生。人们谈论起他们二人时，都会露出羡慕的神色，认为他们是最优秀的人。

富翁听到以后，心里产生了一股异样的感觉，他回到家里，问自己的妻子："我出门时，听到人们都在谈论那位犹太教师，他果真那么优秀吗？"

妻子说："既然人们都对他评价颇高，想必他肯定有特别优秀的地方吧。"

富翁接着问："那么，我和他相比，谁更优秀呢？"

妻子不耐烦地说："当然是你优秀啦。"

妻子的话语，并没有打消富翁的疑惑。于是，他找了个机会，亲自来到了教师的家里。对富翁的来访，教师热情款待。二人闲聊了一会儿，富翁便不服气地说："城里的人都说，我是城里最富有的人，他们说得并没有错，我的财富足以买下半座城市。但我也听说，人们把你也看成最优秀的人。你觉得，我们俩相比，谁更优秀呢？"

教师笑着说："我不爱与别人做对比，更喜欢把有限的精力，放在自己的事业上。世界上还有那么多未知的事情，等着我去探索，还有那么多优秀的孩子，等着我去教育。我时常感到人生太短，没有时间去做自己想做的事情，哪里还有心情去和别人比较呢？"

听到这里，富翁感到内心一阵悸动，他万万没想到，自己那么看重的东西，在教师眼里竟是不值一提。他惭愧地说："您的境界，远远高过我，我承认比不上您。"

富翁每天想着和他人比较，结果坐拥巨额财富，却依然内心焦虑，充满不安。教师内省自我，集中精神做自己的事，却能以平和的心态看待世界。这个故事告诉我们，如果总是与他人做比较，只会增添内心的不安定和焦虑感，从而陷入否定自我的危险之中。

世界充满竞争和挑战，若把有限的精力放在他人身上，是很难实现自己的成长和进步的。与其超越别人，不如超越自我。通过不断挑战自己，发掘自己的潜力和价值，方能实现自我超越，成就非凡的人生。

人生不能没有信仰

人生道路上的艰难险阻，有时让我们感到迷茫和无助，萌生放弃的念头。每当遇到挫折时，人生似乎陷入了无穷的黑暗之中，看不到希望。信仰，则如同黑暗里的一盏明灯，照亮前行的道路。

信仰不等于宗教。信仰，是对生命意义、人生价值的探索与追求。它可能源于对宇宙奥秘的敬畏，可能源于对人性美好的向往，也可能源于对未知世界的探索欲望。信仰不拘泥于任何一种形式，它可以是宗教的，也可以是非宗教的。正如有些人通过宗教找到了心灵的寄托，也有很多人通过哲学、艺术、科学等途径，获得了属于自己的信仰。

犹太人是一个信仰宗教的民族，犹太教的教义深入他们的日常生活，也贯穿了他们的历史，他们从典籍中汲取智慧。历经数千年的历史长河，这些优秀的民族智慧，依旧照亮着犹太人的前行之路。

智慧故事

在一座古老的村子里，生活着一个名叫约克的犹太年轻人。约克的家境并不富裕，父母都是农民，靠着微薄的收入，勉力维持家用。然而，约克一家却从不怨天尤人。父母经常告诫约克，人要有信仰，在困境中也要抱有希望，通过自己的努力，终会改变现状。

一次，村子里来了一队商旅，他们赶着高大的骆驼，穿着色彩鲜艳的衣裳，带来了各种珍奇的货物，有美食和珠宝，也有制作精美的手工艺品，这些都让村民们大开眼界。看着这些从未见过的物品，约克心里泛起了异样的感觉，他决定跟随商队一起，去遥远的东方寻找财富。

就这样，约克踏上了前往远方的道路。他们爬过陡峭的山峰，也蹚过冰冷刺骨的河流，经过杳无人烟的荒漠，远方的世界让约克大开眼界。然而，在一次穿越沙漠的过程中，天空刮起了沙尘暴，狂野的风沙拍打着众人，他们只好将骆驼围成一圈，然后借助骆驼和货架躲避风沙。等到风沙停息，队长惊恐地发现，储藏淡水的木桶被全部掀翻，剩下的水根本不够他们饮用。众人心里都感到十分恐慌，在队长的安抚下才逐渐平息。

几天以后，水彻底喝光了，人们绝望地认为，自己将要被风沙埋葬。面对这种情况，约克感到不知所措，但是当他瘫倒在地时，他想起了母亲的话："在困境中也要抱有希望。"靠着对家乡的思念，以及信仰的支撑，约克重拾信心，他决心走出沙漠。当身边的同伴一个个倒下时，约克依旧拖着沉重的步伐，艰难前行。不知经过多长时间，他终于看到了绿洲，而此时商队只剩下了他一个人。

　　信仰，并不是迷信，而是我们内心对某种信念的坚持，是支撑我们继续前行的力量。它可以是某种道德观念，也可以是一种对生命和世界的感悟。信仰让我们在人生的道路上更加从容和自信，无论遇到多少挑战和困难，都能保持一种平和的心态，勇往直前。

　　人生不能没有信仰。信仰为内心提供了最强大的力量，没有信仰的支撑，人生就像一艘在茫茫大海中随波逐流的小船，失去了方向，不知往何处流浪。信仰的力量，让我们能够在逆境中挺立，在困难中坚持。只要我们坚持不懈地努力，就一定能够战胜一切困难，实现自己的梦想。

人生苦短,及时行善

犹太人热爱追求财富,但并不会被财富侵蚀自己的心智,变得贪婪、虚荣。相反,犹太人非常重视慈善事业,即便贫穷时,也坚持行善。等到富裕以后,他们非但不会放弃慈善,反而会在慈善事业上付出更多,通过慈善捐赠和公益活动回馈社会。

犹太人做慈善,并不是为了向谁讨好,而是一种人生信条。犹太人的慈善观念深深根植于他们的宗教信仰和民族文化之中。在犹太教的教义中,慈善被视为一种义务和崇高的美德。犹太人相信,通过帮助他人,不仅能够积累善行、净化心灵,还能得到神灵的庇佑和赐福。这种信仰使得犹太人在面对他人的贫困和苦难时,总能伸出援手,慷慨解囊。

中国古代的思想家孟子认为,人都有恻隐之心。当我们看到他人遭受苦难时,心中自然会升起一种不忍直视的感情。这是因为,人类是一种群居动物,互相帮助是人的天性之一。个人的力量是有限的,唯有互相帮助，互相合作，才能汇聚成更强大的力量。人类正是凭借着这股精神，不断实现科技的突破，创造了绚丽的文明。因此，慈善是一种人性的体现。通过做慈善，我们也获得了自我价值的认可，从而内心生出满足和喜悦。

同时，做慈善还能帮助弱势群体摆脱困境，改善他们的生活状况，减少社会矛盾和冲突。在一个充满爱心的社会中，人和人之间的关系会更加融洽，社会氛围也会更加和谐。慈善行为能够传递正能量，激发更多人的爱心和善良，从而形成一个良性循环。

智慧故事

米利斯·洛森沃尔德是个德裔犹太人，生活在美国，1895年加入美国私人零售企业西尔斯罗巴克公司，之后成为该公司的总裁。洛森沃尔德对慈善事业非常用心，他在美国各地投资创办学校、工作间和教师之家，总共耗资几千万美元，在当时这是一笔了不得的巨款。

值得一提的是，在当时的美国，黑人依旧遭受着严重的歧视，但洛森沃尔德坚持为黑人学生提供入学机会。为此，洛森沃尔德遭受了很多人的偏见，人们指责他破坏了社会秩序。面对这些压力，洛森沃尔德没有退缩，而是继续坚持慈善事业。时间久了，他的坚持终于赢得了世人的理解，也让他为自己赢得了赞誉。

后来，为了更好地经营慈善事业，洛森沃尔德成立了一家慈善基金，并且设立了完善的流程，将慈善事业延伸到了欧洲。洛森沃尔德没有忘记自己的同族，当时欧洲的犹太人正面临着诸多危险，他们被迫忍受战乱、瘟疫等。洛森沃尔德拿出了一大笔资金，帮助欧洲的犹太人，让他们获得了更好的生活。

　　做慈善是一种人性之美，也是社会责任感的体现。它不仅能够帮助他人摆脱困境，改善生活，还能提升我们自身的价值和幸福感。同时，慈善行为还能促进社会的和谐与发展，为构建更加美好的社会贡献力量。

　　当然，做慈善也需要理性对待。选择正规的慈善机构和组织，确保善款能够真正用于需要帮助的人和事。同时，我们也要考虑自己的能力，避免盲目跟风，将有限的资源用在最需要的地方。

生命的真相是不圆满

生命就像一列飞驰的火车，载着我们从起点奔向终点。旅途中，我们拥有了很多美好，也有很多无可奈何的遗憾。不圆满，是生命的常态，也是生命最真实的写照。

生命的不圆满是普遍存在的。有的人身体上存在缺陷，无法正常行动；有的人心灵遭受过创伤，久久无法走出来；也有的人在工作中错失良机，留下了深深的遗憾……这些不圆满让我们的内心感到痛苦，然而也正是这些经历，塑造了我们的性格，让我们走向坚强和成熟。

如果把生命中的美好视为甘甜，那么缺憾便是苦涩。甘甜和苦涩，共同组成了生命的圆环，二者总是相互伴随的。就像一杯咖啡，需要我们慢慢品味，才能从中尝出更丰富的滋味。

不圆满，并不意味着生命是无意义的。相反，它正是生命意义和价值的体现。正是因为有了不圆满，我们才会更加珍惜生命中的美好时光，更加努力地追求自己的梦想和目标。如果遇到挫折和困难就自暴自弃，那就只能掉进自卑的深渊里，彻底失去了希望；相反，如果把挫折感转变为动力，反而能在前进的道路上变得越来越自信，在不圆满中开出美丽的花朵。

智慧故事

从前，在一座犹太教堂里，生活着两名拉比，名字分别是约瑟夫和彼得。由于教堂建在山上，他们每天都要走一段山路，提着木桶到山间的一条小溪里取水。

约瑟夫的木桶已经很旧了，桶底有一条细小的裂缝，尽管很难看见，但是每次都会漏水。约瑟夫每次打水回来时，清澈的溪水顺着裂缝流出，在小路上留下淅淅沥沥的印记。等回到教堂时，原本满满的一桶水，只剩下半桶了。

为此，约瑟夫感到很苦恼，他对彼得说："真是抱歉啊，我的这只木桶破了，耽误了正事。"

彼得却说："这有什么关系呢？你看到的是遗憾，是不完美，我却从中看到了美的一面。"彼得指着道路两旁，接着说："你看，在你的浇灌下，道路两旁长出了许多五颜六色的花朵。"

约瑟夫感到很惊讶，他总是急着赶路，心思都放在木桶漏水的不圆满上，却没有留意到，这种不圆满，产生了不一样的结果。

人的一生总是有许多不圆满，例如我们的出身，这是无法改变的。

对于不圆满,没有必要抱怨,因为抱怨并不会改变你的处境,我们要做的是做好当下的自己,以及如何规划好未来的人生。

放下执着,学会不抱怨,坦然接受那些遗憾。珍惜当下,拥抱未来,这才是最好的生活方式。

智慧启示录

没有格局的几种表现

生活，如同一幅巨大的画卷，每个人都在其中描绘着自己的色彩与线条。而格局，则是这幅画卷的构图和布局，决定了我们对世界的认知与理解，进而决定了人生是什么颜色。犹太人认为"世界上最宽阔的是海洋，比海洋更宽阔的是天空，比天空更宽阔的是人的胸怀"。

犹太民族以其独特的智慧和深邃的思想，为我们提供了一套衡量格局的独特视角。在生活中，普通人要想放大自己的格局，可以从视野、胸怀、规划以及心态等方面调整。

1. 视野局限，看不清本质

由于教育背景、生活经历和环境因素的限制，许多人的视野往往局限于自己的小圈子里。他们缺乏足够的认知和见识，难以跳出自己的舒适区，去理解和接纳不同的观点和事物。这种局限性导致他们在面对问题时，往往只能看到表面现象，而无法深入挖掘问题的本质和根源。

2. 胸怀狭隘，斤斤计较

胸怀狭隘的人往往只看到眼前的利益，无法从长远的角度去看待问题。他们过于关注自己的得失，从而忽略了与他人的合作与共赢。在他们的世界里，一切都是围绕着自己转，不接受别人不同的意见和看法。这种心态让他们的人际关系变得紧张，甚至导致被孤立。

3. 战略模糊，没有规划

没有人生规划的人，奉行的是"走到哪里算哪里"的生存策略。他们对待职业发展和生活需求的态度，要么是毫无头绪，要么是充满了不切实际的幻想。这些幻想和白日梦虽然美好，但缺乏实际行动的支撑，始终不会实现。真正的梦想是需要我们脚踏实地，有步骤地去追求的，它应该有明确的方向和目标。如果我们没有制订明确的规划和计划，只是盲目地跟着感觉走，那么梦想最终只会沦为空想。

4. 心理封闭，沉浸在回忆里

心理封闭的人往往容易陷入回忆的旋涡。他们似乎更愿意停留在过去的某个美好瞬间，而不愿面对现实中的不如意。这种过度沉浸于回忆的状态，不仅会让他们错失眼前的机会，更可能让他们陷入一种自我封闭、孤独的境地。为了摆脱这种困境，需要学会放下过去的包袱，勇敢地面对现实，并努力寻找新的生活目标和动力。只有这样，才能重新找回生活的色彩和意义。

第五章
心态决定人生的境界

在我们的生活中，无论面对何种挑战，心态都起着至关重要的作用。心态不仅影响我们看待世界的方式，更决定了我们会如何应对挑战，从而塑造出不同的人生境界。在犹太人的生活中，欢乐和笑声是必备的良药。无论遇到多大的困难，他们都能保持乐观和坚韧，相信自己能够克服，在解决一个又一个难题的过程中，成为更好的自己。

善待自己，让生活多姿多彩

犹太人是一个非常重视生活的民族，在追求财富的同时，他们不会忘了追求财富的目的——获得幸福的生活。一味地关注物质财富，却让自己备受折磨，这是不可取的。

俗话说"身体是革命的本钱"，再多的财富，也不能取代身体健康。我们应该努力奋斗，但在工作之外，也应该注重饮食的营养均衡，坚持适量的运动，保持良好的作息习惯。同时，心理健康也是必不可少的，要懂得如何调节情绪，保持积极乐观的心态。这种对身心健康的追求，让我们在面对生活的挑战时能够保持坚韧不拔的精神。

犹太人懂得如何善待自己，他们为自己建造漂亮的房子，享用健康的食物，佩戴精致的饰品，最重要的是，他们遵循规律的生活习惯。

在如今的社会里，越来越多的人进入了快节奏的生活，他们把大部分精力都放在工作上，甚至连好好吃饭都变成了一种奢侈。犹太人却不会这样。白天工作时，犹太人保持高度集中的注意力，力求把工作做到最好。到了晚上，他们则放下手中一切工作，与家人一同准备美味可口的晚餐。在餐桌上，他们不会再谈论任何有关工作的事，把所有的不开心都抛在脑后，认真地享受食物和亲情带来的愉悦。

生活是一场马拉松，不必急着冲向终点。学会善待自己，关心自己的身心健康，它能够帮助我们在人生的道路上更加从容和自信地前行。只有当我们真正关心和善待自己时，才能拥有更加美好的人生。

智慧故事

作为一位年轻的商界新秀，布鲁斯在一场展会上发表的精彩演讲，让他成为全场的焦点。展会结束后，众人来到餐厅休息，布鲁斯可没有这样的闲情逸致，他仍旧抱着笔记本电脑，手指飞快地敲击键盘。

正当布鲁斯愁眉紧锁时，有人在旁边轻声提醒："年轻人，午餐时间何不休息一会儿呢？"布鲁斯抬头一看，只见餐桌对面不知何时坐着一位白发苍苍的老者，他身穿休闲西服，戴着墨镜，面带微笑，看上去十分儒雅随和。

布鲁斯还以微笑，说："普通人通常要用一个小时去午休，对我来说太奢侈了。"

老人说："请恕我冒昧，用身体健康去换金钱，我个人认为是不划算的。"

布鲁斯说："折合下来，我一个小时的薪水是100美元，如果每天少工作一小时，就相当于一个月少赚了3000美元，一年少赚36000美元，在我看来，这也是不划算的。"

老人摘下了墨镜，缓缓说道："我年轻时也和你一样，每天只想着工作，后来生了一场大病让我明白，过度勤劳是以身体健康为代价的。当我躺在病床上时，一切金钱、美食、华服，于我又有什么意义呢？从那之后，我在工作的时候，就拼尽全力；用餐的时候，就集中精神，仿佛这是人生最后一次享用美味。为了工作而放弃生活，聪明人不会做这样的赔本买卖。"

听了老人的劝导，布鲁斯若有所思地低下了头。

在生活中，很多人常常给自己制定了过于严苛的目标，比如每年要赚多少钱，学习成绩要提高多少分，工作绩效要提高多少……这些目标让生活变得紧张、疲惫，人在压力之下难免会产生抱怨。一旦懂得善待自己，就不会有那么多的不满足感，也不会有那么多的抱怨。

善待自己是一种积极、健康、向上的生活态度。它告诉我们，只有先照顾好自己，才能更好地去关爱他人、服务社会。在这个快节奏、高压力的时代里，我们或许可以借鉴犹太人的智慧，学会善待自己，让生命之花绽放得更加绚烂。

面对困难，不妨再坚持一下

在生活的长河中，我们每个人都会遇到形形色色的困难和挑战。有时候，这些困难似乎无法逾越，让我们感到疲惫不堪，甚至想要放弃。然而，正是在这样的时刻，我们更需要提醒自己：不妨再坚持一下。

在困境之中，我们的身心面临巨大的压力，然而有压力才会有动力，每一次的坚持都可能成为我们逆袭人生的转折点。尽情地享受压力带给自己的快乐，将自己打造成一个真正的强者。

世界本就是多姿多彩的，我们需要体验丰富的生活，才能体验到人生是有趣的。一帆风顺的生活看似很美好，却潜藏着巨大的风险。正如美食，甜品虽然好吃，但是每天都吃，时间长了肯定会感到厌烦。

在困难之中，我们的意志得以磨炼，变得更加强大。强者之所以能够从竞争中脱颖而出，原因就在于他们意志强大，面对困难不轻言放弃。当对手们纷纷举手投降时，强者却总是坚持到底，成为最后的赢家。很多时候，人们不是输给了对手，而是输给了自己。

犹太人曾经历经无数磨难，然而他们没有向苦难投降，而是默默地忍耐着，在黑暗之中坚持着，把民族的血脉和文化传承了下来。他们用自己的行动告诉我们：无论面临多大的困难和挑战，只要我们保持坚定的信念和不懈的努力，就一定能够赢得最终的胜利。

智慧故事

罗伯特·巴拉尼是一个犹太人，也是一个著名的医学家、生理学家。他的成长之路十分坎坷。

1876 年 4 月 22 日，罗伯特·巴拉尼出生于维也纳。他的父亲是一个淳朴的农场主，母亲是一个科学家的女儿。受家庭环境的影响，巴拉尼从小就接受了良好的教育。然而，巴拉尼的幸福生活并没有持续多久。他在玩耍的时候，常常会感到膝盖肿胀、酸痛，就连正常的行走都受到了影响。尽管父母带着他四处求医，却仍然没能治好疾病，导致巴拉尼最终留下了残疾。

面对命运带来的不幸，母亲没有沉沦，而是安慰巴拉尼，带着他走出了阴霾。母亲的爱，就像一盏明灯，驱散了他生命中的黑暗，让巴拉尼重新获得了力量。巴拉尼没有自暴自弃，也没有向命运屈服，而是把所有精力都放在了学习上。终于，功夫不负有心人，他考上了医学院，正式成为一名医生。

在给患者治疗的时候，他发现患者在进行灌耳治疗时，会因为药水的温度而产生特殊的反应。当药水温度较低时，患者会感到眩晕，巴拉尼把药水温度升高，患者的眩晕感更加强烈。这个现象让巴拉尼很受启发，经过长期的研究，他发明了"热检验"法，并且在1914年凭借对内耳前庭的生理学与病理学研究，获得了诺贝尔生理学或医学奖。

俄国诗人普希金在诗里曾说过："假如生活欺骗了你，不要悲伤，不要心急！忧郁的日子里需要镇静。相信吧，快乐的日子将会来临！"我们都曾期盼过幸福的生活，然而在现实生活中总是遭遇困境，有时还得经受失败的打击。要想成为生活的赢家，就必须像罗伯特·巴拉尼一样，即便遭受生活的磨难，也始终咬牙坚持，绝不屈服于困境，在逆境中保持坚韧不拔的斗志，在困境中寻找机遇和希望。

任何时候都要谦虚谨慎

社会上从不缺乏才华横溢的人,他们胸怀远大的理想,努力实现自己的价值。然而,才能也是一把双刃剑,它让我们超越常人的同时,也容易让人滋生傲慢的情绪。须知,谦虚谨慎才是做人的基本准则。

谦虚,是一种内心的平和与自知之明。它让我们在面对成就时不骄傲自满,面对困难时不气馁退缩。谦虚的人,懂得尊重他人,善于倾听他人的意见和建议,从而能够不断吸收新知识、新思想,不断完善自己。同时,谦虚也是一种美德,它能够让我们在与人交往中更加和谐融洽,赢得他人的尊重和信任。

谨慎,则要求我们在做决策时深思熟虑,不轻易被表面现象所迷惑,不被一时的冲动所左右。谨慎的人,懂得权衡利弊,能够预见潜在的风险和挑战,从而制定出更加合理、可行的方案。同时,谨慎也是一种责任心的体现,它让我们在面对失败时能够保持冷静和理智,不轻易放弃,坚持到底。

　　一个自大的人，即使拥有很多的财富，也不能称之为真正的强者，因为真正有实力的人，总是在追求外在的同时，也重视内心的力量。中国有句俗话"满招损，谦受益"。意思是自满会带来灾祸，谦虚则会让我们受益。犹太人也认为，当一个人变得自大，听不进别人的意见时，就会失去改正错误的机会。

智慧故事

　　科学家阿尔伯特·爱因斯坦是犹太民族的骄傲，他的智慧如同暗夜中的璀璨星辰，照亮了人们探索未知世界的道路。他提出的相对论、光电效应理论等，帮助人们开创了现代科学技术新纪元，因此爱因斯坦被公认为是继伽利略、牛顿之后最伟大的物理学家。

　　爱因斯坦不仅在科学上建树颇丰，个人品德也十分高尚。面对人们的推崇，他始终保持清醒的意识，没有被荣誉冲昏头脑。

　　人们的疯狂追捧，非但没有让爱因斯坦志得意满，反而让他感到苦恼，甚至是厌烦。当成群的记者、画师来给他拍照、画像、雕塑时，他时常感到难以忍受。因为爱因斯坦很清楚，自己只是一个科学家，并非完美无缺的圣人，那些来拜访他的人，也并不是对科学感兴趣，而是把他看成了一个"流量明星"。

　　世上没有圣人，任何人都有可能犯错，这是一个非常简单的道理。然而当我们陷入自大时，便会忽略这一点。即便认识到错误，也不愿意接受批评。那些谦虚谨慎的人，都是领悟了人生真谛的人，他们总是会积极地听取批评，接受批评，然后在改正错误的过程中不断地完善自我。

　　谦虚谨慎是永恒不变的真理，这不仅是一种为人处世的态度，更是一种智慧，一种能够让我们在人生路上稳步前行、避免落入陷阱的黄金法则。

婚姻同样需要经营

婚姻,这看似简单却蕴含着深刻内涵的词汇,是我们生活中不可或缺的重要组成部分。然而,我们常常忽视了,婚姻和家庭同样需要精心地经营和维护。

一段健康的婚姻需要家庭成员保持有效的沟通,倾听对方的心声,理解彼此的需求。在日常生活中,不妨对家人多一些关心与问候,少一些指责与抱怨,让爱的语言成为彼此间最温暖的纽带。就像种植一棵树,我们需要定期浇水、修剪枝叶、施肥除虫,才能让它茁壮成长。同样,婚姻和家庭也需要我们投入时间、精力和智慧。

犹太人深明此道,他们把家庭看作社会的基本单位,关爱家庭成员是犹太人的核心价值之一。犹太人十分传统,做父母的会为子女的幸福而努力奋斗,同时子女也会为父母的养老而承担责任。而且,犹太人非常重视家人的精神需求,每一个家庭成员都自觉努力地让家庭生活更加和谐、稳定和幸福。

犹太人的家庭观还体现在他们对传统的尊重和传承上。无论是宗教仪式还是家庭习俗，都承载着犹太人的历史和文化记忆。他们通过这些传统活动，将家族的价值观和信仰传递给下一代，让他们在面对现代社会的挑战时，能够坚守自己的信仰和文化根基。

智慧故事

从前，耶路撒冷地区住着一个名叫阿吉瓦的年轻人，他的工作是为富人卡尔巴·沙乌放羊。一次偶然的机会，阿吉瓦和卡尔巴·沙乌的女儿相遇了，在春日的绿野中，二人的爱意悄悄萌发。然而，卡尔巴·沙乌的女儿清楚地知道，父亲绝对不会允许自己与贫穷的阿吉瓦来往，但她仍然与阿吉瓦私订了终身。他们在河边举行了简单的婚礼，阿吉瓦为她戴上了美丽的花环。

卡尔巴·沙乌知道以后，暴跳如雷，他逼迫女儿立即与阿吉瓦离婚，却遭到拒绝。于是，卡尔巴·沙乌当着全家人的面，与女儿断绝了关系，并将女儿赶出了家门。

阿吉瓦没有背叛自己的誓言，将卡尔巴·沙乌的女儿接回了家里。看着破小低矮的房屋，阿吉瓦心里很不是滋味，他不愿意轻易放弃爱情，却也不愿意辜负妻子。于是，他对妻子说，自己将要去远方，和拉比学习律法。

阿吉瓦在外面待了很多年，从一名学徒变成学识渊博的拉比，他也收下了许多学徒。其间，他从未忘记妻子，经常写信给妻子，关心她的生活。尽管相隔甚远，他们依然恩爱如初。

当阿吉瓦返回家乡时，他已经是远近闻名的大学者了。卡尔巴·沙乌得知这个消息以后，这才感到后悔，赶紧与女儿和好。

托尔斯泰曾在《安娜·卡列尼娜》中写道：幸福的家庭都是相似的，不幸的家庭各有各的不幸。男人和女人组建家庭之后，只是宣告了婚姻生活的正式开始，在漫长的厮守中，可能发生各种变故，并非永远都能和睦如初。

在日复一日的琐碎生活中，夫妻双方可能会遇到各种苦难。缺乏耐心的人们，常常忽略了伴侣的精神需求，如果不能共同努力，彼此信任，两人的关系便会产生隔阂。只有夫妻双方用心去感受、去付出、去珍惜，才能让婚姻与家庭成为我们生活中最美好的风景。

自我反省是一种成熟的表现

在人生的旅途中，我们总是在不断地学习、成长和变化。在这个过程中，衡量一个人是否成熟的重要标志就是——能否勇于面对自己，进行深刻的自我反省。自我反省不仅能帮助我们认识到自身的不足，更能促使我们不断进步，成为更加成熟理智的人。

自我反省是一种对自己的行为、思想和情感的审视。它要求我们能够客观地看待自己的优点和缺点，不回避问题，不掩盖错误。只有当我们敢于直面自己的不足时，才能找到改进的方向，从而实现自我提升。

自我反省是成熟的标志之一。一个成熟的人，不仅能够看到自己的不足，还能积极寻求改变和提升。他们会在反思中找到自己的成长动力，不断调整自己的行为和思维方式，以适应不断变化的世界。

金钱、权力、盛名……都是人们向往的东西，当人们不断地追求这些时，却很容易迷失其中，而有的人却能时时警醒，并能鞭策自己向更高的地方前行。越是位居显要处，就越是要经常反躬自省，越是要讲究低调做人，融入大众之中，如此才能保护自己。

那么，如何进行有效的自我反省呢？

首先，我们要保持开放的心态，愿意接受他人的建议和批评。他人的观点往往能为我们提供新的视角和思路，帮助我们更全面地认识自己。其次，我们要学会独立思考，不被外界的声音所左右。只有当我们真正了解自己的内心需求和价值观时，才能做出正确的判断和决策。最后，我们要付诸实践，将反省的成果转化为实际行动，只有通过实践，我们才能真正体验到自我反省带来的成长和变化。

智慧故事

瑞克在耶路撒冷希伯来大学读完了文学课程，毕业之后，他满怀憧憬地给几家业内顶尖的出版公司发去了简历。瑞克十分自信，认为凭借自己的学历，一定能够轻松应聘成功。很快，面试邀请便纷至沓来。然而，面试结束之后，瑞克迟迟没能收到入职邀请，这让他感到十分困惑。

终于，在一次面试过程中，瑞克忍不住向面试官提出了疑问："请问，您对我的学历满意吗？"

面试官说："你的学历没问题，我们很满意。不过……"

"不过什么？"

"你的学历确实很好，但是你的简历里面有许多错误，有些甚至是语法上的错误，作为一名文学生，这本是不应该出现的。"面试官毫不客气地指出,"先生,您应该更仔细一点。"

　　瑞克此时的心情已经跌落到了谷底,他脸色苍白地走出了会议室。回到家以后,他把简历拿出来仔细地检查几遍,一边检查,一边用笔画出错误的地方。看着密密麻麻的红线,他感到十分羞愧。他进行了一番自我反省,然后重新写了一份简历,并在简历上附加了一封感谢信,感谢这家公司指出了自己的不足之处,用字遣词诚恳真挚。

　　过了几天,瑞克收到了回信,他被录用了。

　　很多人忽视了自我反省的重要性。当一个人忙于应对各种挑战和压力时,很少有时间停下来反思自己的行为和思考。然而,正是这种缺乏反省的精神,让我们在成长的道路上停滞不前,甚至陷入迷茫和困惑。

　　我们时常看到各种励志故事和成功经验。然而,真正让我们受益的不仅仅是这些表面的光鲜亮丽,更是那些隐藏在背后的深刻反思和自我提升。自我反省是一种内心的力量,它让我们能够在风雨中坚守自己的信念,不断追求更高的境界。

调整预期，天下就没有难事

生活中，每个人都会遭遇挑战，当压力超过能力范围，就仿佛行走在崩溃的边缘，每一步都充满了艰难与困苦。然而，如果我们能够学会调整预期，转变心态，就会发现，原来天下并没有那么多的难事。

调整预期，意味着我们需要重新审视自己对事物的认知和判断。很多时候，我们之所以觉得事情难，是因为我们的预期过高，或者是将事情想象得过于复杂。当我们能够降低期望值，用更加平和的心态去面对问题时，就会发现，其实事情并没有想象中那么难。

犹太人对这个道理深有体会，他们在经商的过程中，总是会遇到类似的问题。当一笔资金被用于投资，中途却遇到了意外，面临着亏损的局面时，立即止损是最好的退路。尽管心有不甘，然而能做的也只有接受。因此，在每一次投资时，犹太人都会根据事情的发展调整心理预期，万一达不到理想的效果，至少还有一条退路。

在犹太人看来，调整预期并非自我安慰，而是一种积极的生活态度。它让我们不再被困难和挑战所束缚，而是能够用更加开放和包容的心态去接纳生活中的一切。当我们不再过分关注结果，而是更加享受过程时，就会发现，生活中的每一个瞬间都充满了美好和惊喜。

智慧故事

期末考试结束后，亚法把成绩单拿给父亲。看着不及格的几门功课，父亲感到很头疼，亚法也很羞愧。父亲问他："你同桌考得怎么样？"

亚法说："他的成绩很好，每次都考第一名。"

父亲说："你可以向他请教一下学习方法，或许下次考试成绩就会好点了。"

于是，亚法找到了同学，虚心向他请教，然后将同学的学习方法都记了下来。回家以后，亚法对父亲说："我感觉同学的方法很好用，下次我一定要考进全班前十名。"父亲笑了笑，没有说话。然而，等到下次期末考试时，亚法的成绩并没有想象中的那样优秀。他苦恼地对父亲说："我明明已经很努力了，为什么不能像同桌那样优秀呢？"

父亲没有直接回答，而是给他讲了一个故事："从前有两只老鹰，其中一只十分强壮，很轻松地就抓住了一只小羊羔。另一只老鹰也想抓羊，可是它的身体并没有那么强壮，试了好几次都没有成功。"父亲语重心长地说，"每个人的条件都不相同，即便付出相同的努力,也未必能取得同样的效果。你同桌的基础很好,而你的底子很薄弱,比不上他是很正常的。你不能奢望用短时间的努力,就追上多年刻苦学习的同桌,你应该调整一下自己的学习计划,一点一点地提升成绩。不必懊恼,只要坚持学习,总有一天能赶上他的。"

人的承受能力是有限的,总有一些坎是我们迈不过去的。倘若过于执着,则易被心魔缠绕,从而走向崩溃。调整预期,可以帮助我们用积极的心态去面对生活中的挑战。只有清醒地认识到自己的能力和局限,从而制订出更加切实可行的计划和目标,才能从困难中获得更多。

调整预期,用更加开放和包容的心态去面对生活中的一切。相信只要我们能够做到这一点,那么无论遇到什么困难和挑战,我们都能够从容应对,笑对人生。毕竟,在这个充满无限可能的世界里,只要我们愿意去尝试、去努力,就一定能够创造出属于自己的精彩人生。

放下仇恨，学会与自己和解

仇恨是一种极具破坏性的情感，它让我们陷入无尽的痛苦和愤怒之中，无法看到生活的美好和希望。我们可能会因为过去的被伤害而耿耿于怀，甚至将仇恨作为一种动力来推动自己前行。然而，仇恨无法伤害你恨的人，只会伤害你爱的人。这样的做法只会让我们越陷越深，无法真正摆脱过去的阴影。

忘记仇恨并不是一件容易的事情，它需要我们勇敢地面对自己的内心，去探寻那些深藏在心底的痛苦和伤痕。同时，学会宽容和谅解，去理解他人的立场和难处，从而减轻心中的怒火。

原谅他人，其实是升华自己。心中有怨恨，并不意味着我们心胸狭隘，因为仇恨是人之常情。我们需要接受自己的不完美和错误，学会原谅自己。不要把自己困在过去的错误中无法自拔，而是应该向前看，积极寻找解决问题的方法。当我们能够与自己和解时，我们的内心也会变得更加平静和宽广。渐渐地，我们终将明白，唯有与往事和解，才能过好每个当下。

智慧故事

卡奇尔是一名德高望重的拉比，他的一生都在为传播知识、引导学生走向正途而努力奋斗。他深知，信仰的力量源自内心的虔诚和对真理的追求，因此他始终以身作则，用自己的言行诠释着信仰的真谛。

80岁生日那天，卡奇尔突然感到一阵眩晕，随后身体瘫软了下去。周围的人们赶紧将他抬进屋里。过了好一会儿，卡奇尔才缓缓睁开眼睛，他流着眼泪，用虚弱的声音说："看来我的生命即将终结，我感到很后悔。"

卡奇尔的儿子轻声安慰道："父亲，您为什么感到难过呢？难道是有什么事没有做吗？"

卡奇尔说："我当了一辈子拉比，我的工作就是读书，教授学生，有余力时也不忘记行善，这些工作我自认为都做得很好。可是，我曾经与最好的朋友产生矛盾，最后变得像仇人一样，这件事我始终不能忘怀。"

儿子明白，父亲是放不下这件事，于是将父亲提到的那位好友找来。两个白发苍苍的老人，终于在卡奇尔生命的最后一天达成了和解。卡奇尔也终于放下了心中的执念，微笑着离世了。

一个真正聪明的人，是懂得忘却的真谛的。难道忘却不是一种优秀的能力吗？何必为那些不愉快、不值得挂念的琐事而纠缠、内耗？不如及时忘掉。与其让它们影响到自己个性的发展与完善，还不如把它们统统卸下，抛到一边。

在这个充满竞争和压力的环境中前行，我们需要学会放下仇恨，与自己和解。只有这样，才能拥有更加健康的心态和更加积极的生活态度，去面对生活中的各种挑战和机遇。当我们能够放下仇恨时，内心也会变得更加自由和轻松，这样才能够更好地享受生活的美好和幸福。

智慧启示录

消极心态，人生的绊脚石

在生活中，我们会遇到各种问题，或是源于生活的琐碎，或是源于职场的压力。其实无论什么问题，人生的大部分困难，都是由心态决定的。积极的心态，能够让我们在困境中看到希望，在挫折中找到力量，在挑战中迎接成长。相反，消极的心态，则会让我们在顺境中感到疲惫，在幸福生活中也会感到空虚。

1. 如何应对焦虑

焦虑源于对未来的不确定感、对失败的恐惧以及对自我价值的怀疑。当你感觉自己焦虑时，我们可以尝试调整自己的心态。首先，学会接受不确定性，明白失败和挫折是成长的一部分，不要过分苛求自己。同时，把注意力放在自己的优点上，增强自信心。其次，与亲朋好友分享自己的困扰，寻求他们的理解和建议。如果焦虑情绪严重，还可以向心理咨询师寻求帮助。

2. 如何应对抑郁

感到无助、失望或自我价值贬低时，很容易出现抑郁情绪。长期抑郁可能导致情绪低落、失去兴趣、疲惫不堪等症状。面对抑郁心情，首先要保持积极的心态，走出抑郁阴霾需要时间，但是请相信自己，一定能够战胜困境。同时，尝试一些有效的自我调节方法，如进行深呼吸、冥想、运动等，以缓解身心压力。

3. 如何应对自卑

自卑会阻碍我们发挥自身的潜力，影响到我们的自信心和人际关系。克服自卑，我们需要学会接受自己的不完美，认识到每个人都有自己的优点和不足。同时，通过努力学习、提升自己的能力，也能起到增强自信的效果。

4. 如何应对攀比

生活中，我们不可避免地会将自己与他人进行比较，由此产生不必要的压力和焦虑。攀比可能导致人们忽视自己的优点，过度关注他人的成就。其实，我们需要学会关注自己的成长和进步，珍惜自己的独特之处。同时，也要理解每个人的生活轨迹和成长速度都是不同的，无须与他人过分比较。

5. 如何应对逃避心理

面对困难或挑战时，回避问题、逃避责任、拖延行动等无助于解决问题，反而可能导致问题进一步恶化。克服逃避心理，没有其他的方法，只有勇敢面对困难，积极寻求解决方案。

第六章
高情商的社交艺术

做事之前先做人，高情商的人往往能从人群中脱颖而出，凭借优秀的社交艺术成为佼佼者。在犹太人的生活中，社交不仅仅是一种日常交流的手段，更是一种展现个性、传播价值观和塑造社区氛围的重要方式。重视社交，使得犹太人在与人交往时能够迅速建立信任，增进友谊，为日后的合作和发展奠定坚实的基础。

与人友善，人脉自会涌现

我们常常听到这样的说法："人脉就是钱脉。"人脉是说话办事重要的资本，拥有很好的人缘，能让我们在做事情的时候事半功倍。如何才能有效积累人脉呢？答案其实很简单——与人友善。当我们以友善的态度去对待周围的人，人脉自然会如同涓涓细流般汇聚而来。

友善是一种品质，更是一种力量。它不仅仅体现在我们对他人的微笑和问候中，更体现在我们对他人的理解和尊重上。一个友善的人，总能给人一种温暖和舒适的感觉，让人愿意接近、愿意交往。在社交场合中，一个贴心的举止、一句友善的话语，往往能拉近人与人之间的距离，为建立深厚的人脉关系打下坚实的基础。

与人友善，不仅能让我们在社交场合中游刃有余，更能让我们在人生道路上受益匪浅。一个友善的人，更容易得到他人的帮助和支持。当我们遇到困难时，那些曾经与我们建立过友善关系的人，往往会伸出援手，给予我们无私的帮助。同时，友善也是一种感染力，它能让我们周围的人也变得更加友好和乐于助人，从而形成一个良性循环。

如果你能够时刻保持谦逊恭敬的态度，真诚待人，你就有可能遇到人生中的贵人。因此，不要放过任何一个投资感情的机会，即使对方是你素不相识的人。

智慧故事

克伦是一名年老的犹太富商，他在美国的一个小镇经营着一家工厂，专门生产衣服。多年以来，凭借着勤劳和努力，克伦积累了一批财富，成为当地受人尊敬的人物。然而，随着社会环境和产业政策的变化，制造业纷纷流向发展中国家，那里成本低廉，利润更有优势。和众多同行一样，克伦的工厂也受到了严重的冲击，人们不再愿意为他投资，就连银行也不愿意提供贷款，此时摆在他面前的只有两条路：要么转型，要么破产。

克伦不忍心让多年经营的心血就此终结，他尝试了各种努力，却始终没有成功。就在他即将陷入绝望之际，转机出现了。一家上市公司的总裁向他递来了橄榄枝，表示愿意向克伦提供无息贷款，作为条件，克伦的工厂需要用这笔钱购买新设备，完成厂房的升级，从生产大众服饰向生产高端定制服饰转型。

对克伦来说，这个消息无异于天降甘霖，他简直不敢相信自己的耳朵，天下有这样的好事？怀着犹疑的心情，克伦亲自拜访了那位总裁，向他说出了自己的疑问。首次见面，总裁笑着对他说："您肯定已经忘记我了。"

克伦更加疑惑了:"我们见过面吗?"

总裁从抽屉中拿出了一张皱巴巴的10美元纸币,以及一张发黄的克伦的名片:"20年前,我还是一个穷小子,连饭都吃不起,饿得歪倒在路边,你从我身边经过,给了我两张10美元纸币,以及一张名片,你说如果需要帮助,可以通过这张名片找到你。我拿着一张10美元买了食物,另一张10美元和名片,被我一直收藏至今。如今你遇到了困难,该是我报恩的时候了。"

人脉不是偶然出现的,而是在日常生活中逐渐积累的。和善之人,遇事大度,他们不会对眼前的微小利益斤斤计较,也正因如此,他们在无意之中获得了远大的格局。有些人很难友善地对待任何人,他们只对对自己"有用"的人感兴趣,对另一些被视为"无用"的人很难做到友善。但这样很可能在不知不觉中失去了得到贵人帮助的机会。

总之,与人友善是积累人脉的关键所在。时刻以友善的态度对待周围的人,就是时刻在为自己进行感情投资。长此以往,你的人际关系网自然会变得更加广阔,说话办事也更加游刃有余。

倾听是有效沟通的基础

在人际交往的广阔海洋中，沟通是人和人之间不可或缺的桥梁。而倾听，则是这座桥梁的基石，它承载着理解与尊重，铺就着通往心灵深处的道路。我们不仅要学会表达自我，更要学会倾听他人。有人说，人类有一张嘴，两只耳朵，是为了让我们少说多听。试想一下，如果你不知道别人需要什么，你又如何能够让别人心服口服呢？

倾听是一种态度，是对他人的尊重和关注。当我们真正倾听对方时，会放下自己的偏见和预设，用心去感受对方的想法和情感。这种态度能够让对方感受到我们的真诚和善意，从而建立起信任和亲近感。在家庭中，倾听能够让亲子关系更加融洽；在职场中，倾听能够促进同事之间的合作与协作；在社交场合中，倾听能够让我们结交到更多志同道合的朋友。

在这个世界上，没有人愿意被人忽视，都希望有人能够重视自己。

很多人不明白这个奥秘，以为社交就是不停地表现自己。其实，会听比会说更重要，说话是表达自己，倾听则是理解他人。喋喋不休不一定能够赢得别人的欢心，反倒有可能说不到一块儿去，让人心生厌烦。真正有经验的社交高手，先倾听，再表达。在理解别人之前，不会过多地发表自己的意见。正因如此，他们始终能让谈话处于轻松愉悦的氛围中。

智慧故事

美国的一家汽车公司举办了一场会议，他们向各国的供应商发送了邀请，商谈汽车雨刷的采购，预计采购量每年可达数百万条。面对这样一笔大订单，许多公司按捺不住了，纷纷派出代表前去参加商谈。

丹尼尔·阿舍收到消息以后，便赶往美国。出发之前，他做了充足的准备，按照品质和价格的不同，他从公司里带了几份样品，希望能够拿下订单。然而，赶到美国以后，他很快就生病了，嗓子非常不舒服。

在正式参加投标之前，汽车公司首先举办了一场见面会。丹尼尔忐忑不安地参加了会议，轮到他讲话时，他只好站起来说："抱歉，我生病了，嗓子不舒服，你们先说吧。"于是，其他厂商代表纷纷开始发表观点，汽车公司的负责人也会提出自己的某些看法。而坐在一旁的丹尼尔就把那些信息一一记在心里。

等到大家都讲完了，丹尼尔也记得差不多了。通过观察，他发现汽车公司的负责人真正看重的并不是价格，而是产品的质量，当与会人员强调自家产品的价格低廉时，负责人并没有表现得多么惊喜，反而面露担忧。因此，丹尼尔回到酒店以后，立即修改了自己的投标计划书。最后，这家汽车公司向丹尼尔代表的公司伸出了橄榄枝。

倾听，是通往有效沟通的金钥匙。倾听，不仅能促进人际关系的和谐与发展，还能提升我们的个人素养和综合能力。在现实生活中，我们总是容易忽视倾听的重要性。我们忙于表达自己的观点和想法，却很少静下心来倾听他人的声音。这不仅会导致沟通障碍和误解，还会让我们错过许多宝贵的人际交往机会。

我们需要重新审视倾听的价值和意义，让倾听成为我们日常生活的一部分。只有真正学会倾听，才能够建立起更加紧密和深入的人际关系，在工作和生活中取得更加出色的成绩。

给人留下良好的第一印象

在人际交往的舞台上，第一印象的重要性无须多言。第一次见面时，给对方留下一个好印象，往往能够让以后的交往更加顺利。就像一部电影，开头能否吸引观众，往往决定了其票房和口碑。

当我们与别人见面时，还未开口，外表就已经透露了很多信息。例如，衣着是否干净整洁，头发是否一丝不苟，指甲里是否塞满污垢，这些都会体现出我们的教养和习惯。不过，第一印象并非仅仅关乎外表。虽然整洁得体的穿着、干净利落的发型能够给人留下良好的视觉印象，但真正的第一印象更多地体现在言谈举止、态度气质上。

言谈举止方面，我们要做到自信而不张扬，谦虚而不卑微。在与人交谈时，要保持眼神交流，面带微笑，展现出自己的真诚和热情。同时，要注意倾听对方的观点和意见，给予积极的回应和反馈。这样不仅能够让对方感受到被尊重，还能够增进彼此的了解和信任。

态度气质方面，要学会控制自己的情绪，避免在社交场合中表现出过于激动或消极的情绪。一副沉稳的形象，加上积极向上的心态，能够充分展现出自己的独立和自信，也更容易体现出个人魅力。

智慧故事

对于第一印象的吸引力，佩里有着深刻的理解。

佩里大学毕业后，接受的第一份工作是保险公司的业务员。初入职场的佩里，满怀期待和好奇，他深知保险行业是一个充满挑战与机遇的领域，需要不断学习和积累经验，因此他总是虚心向人请教。然而，这份工作的难度依然超出了他的想象，在工作的过程中，他经常遇到客户的嘲讽和刁难。这让他非常苦恼，在面对客户时，他表现得越来越紧张。

一天，佩里正在眉头紧锁地工作时，上司来到他身边，询问道："你看起来很不开心呀，遇到什么难事了吗？"

佩里吃了一惊："没有呀，可能是最近的工作压力比较大。"

上司说："年轻人，不要皱着眉头，试着微笑吧。在初次会面时，就让客户感觉你的身上有一种十分迷人的东西。做到这一点，你会发现这份工作其实很简单。"

这句话犹如当头一棒，让佩里恍然大悟。回想之前的工作，他总是表现得非常紧张，然而他越紧张，客户就越不信任，他的心情也越来越糟，形成了恶性循环。于是，佩里着手改变自己的形象，他开始研究穿搭，注意护肤和修理发型，时刻保持轻松愉悦的心情，用最好的状态去见客户。很快，他的工作迎来了好转，凭借优秀的绩效，几年以后，他成为公司的部门经理。

　　打造良好的第一印象需要我们在言谈举止、态度气质和细节方面下功夫。这些并非天生的，只要用心去做，任何人都能做好，从而展现出自己的魅力和风采，成为受人欢迎的社交达人。当然，这也不是一蹴而就的，我们需要不断地学习和实践，提升自己的社交能力和素养。同时，也要保持一颗真诚善良的心，用心去对待每一个人和每一次交往。

　　除了言谈举止和态度气质外，我们还可以通过一些细节来提升自己的第一印象。比如，在初次见面时主动向对方介绍自己，询问对方的兴趣爱好和经历；在交往过程中关注对方的需求和感受，给予适当的关心和帮助；在社交场合中保持谦虚谨慎的态度，言行举止避免过于张扬或炫耀。

轻易借钱，小心为自己树敌

很多人都有这样的经历：久未联系的朋友，突然打电话来向你借钱，或是用于买房，或是用于结婚，又或者是其他理由，每一个理由看上去都十分正当合理，似乎借钱给他是应该的。但是你仍会纠结，想借给他，又怕他到时候还不上；不借又怕得罪人，面子上过不去。

谁都可能遇到缺钱的时候，互相伸出援手也无可厚非。然而，现实往往比理想更复杂，如果处理不当，一件好事也可能变成坏事。轻易将钱借出，很容易让对方产生依赖心理，甚至滋生贪婪之心。在借钱时，还会牵涉到利息、还款期限等问题，如果双方没有明确的约定，很容易在日后产生分歧。一旦借款人无法按时还款，双方之间的信任甚至感情将会受到严重破坏。

犹太人通常很少会向熟人借钱，也不轻易借钱给别人，如果决定借钱，一定会要求对方写好欠条。这并非由于情感淡漠，而是他们把金钱和情感分得很开。情感就应该是纯洁、和谐的，利益则容易产生纠纷。

在生活中，这样的例子屡见不鲜，甚至连夫妻之间，都有可能因利益问题导致情感破裂。所以，遇到熟人借钱，一定要慎之又慎。如果你很看重对方，决定借钱给他，最好做一些"最坏"的打算，而且一旦事情往最坏的方向发展，也不要怨恨对方，因为金钱导致好友反目为仇，是非常不明智的行为。

智慧故事

阿塞尔有一个幸福的家庭，他和妻子结婚已经9年了，二人相识于青涩的校园时光，后来结婚生子，组建了家庭。阿塞尔和妻子相互扶持，共同成长。他们深知，婚姻不是简单的搭伙过日子，而是需要双方用心去经营和维护的。因此，他们始终保持着相互尊重、相互理解的态度，在生活的点滴中培养着彼此的感情。

有一天，妻子向阿塞尔提出想从家庭的小金库里拿出10万新谢克尔（以色列货币单位）的请求，原来她弟弟也要结婚了，由于囊中羞涩，便向姐姐求助，约定3年以后还清。阿塞尔有点犹豫，他们的小家庭并不富裕，但是看在妻子的分儿上，他还是同意借钱给小舅子。

3年后，阿塞尔对小舅子提出，是时候归还欠款了。然而，新的情况又出现了，小舅子由于工作不顺利，已经被裁员了，根本拿不出钱来。阿塞尔顿时着急了，因为此刻他也急需那笔钱。在交谈间，阿塞尔的语气越来越重，两人开始争吵。

小舅子也生气了，他的一句话，瞬间让阿塞尔心寒了："不就借了你 10 万新谢克尔吗？至于这样催吗？"

看着正在气头上的两人，岳父、岳母也感到很无奈，只好从原本用作养老的积蓄中预支了一部分，给阿塞尔应急。

经过这件事以后，阿塞尔痛定思痛，决定再也不会轻易借钱给别人了。

借钱不是一件简单的事情，它涉及信任、责任、法律等层面。一旦处理不当，不仅可能损失金钱，还可能破坏原本和谐的人际关系。因此，在决定是否借钱之前，我们需要慎重考虑。

如何避免轻易借钱带来的问题呢？首先，出借人应该树立正确的金钱观念，认识到借钱并非解决问题的根本途径。其次，在借钱之前，双方应该进行充分的沟通，明确借款金额、利息、还款期限等细节，并签订书面协议。此外，出借人还应该根据自己的经济状况和风险承受能力来决定是否借给他人金钱，避免因帮助别人而让自己陷入经济困境。

言语轻如风，伤人却最深

语言的力量是强大的，有句话说"良言一句三冬暖，恶语伤人六月寒"。有时候，一句无心之言，可能只是我们一时的情绪宣泄，或者是玩笑话，但对听者来说，却可能是一种无法言喻的伤害。因为每个人的心理承受能力不同，有些人对某些话题或词汇特别敏感，一旦触及这些敏感点，就会引发他们的负面情绪。

一个高情商的人，总能给他人带来欢乐和温暖，犹如春风拂面。而情商低的人，常常口出恶言，活成了人们讨厌的模样。恶语伤人的情形，在生活中不断地发生着，我们时常能看到一些人说出不恰当的话语，例如，对某人的贬低、歧视，或是歪曲事实，散布谣言，这些言论不仅伤害了被提及的人，也影响了整个社会的氛围。

要想避免恶语伤人，首先要学会换位思考，站在他人的角度去理解问题。在发表言论之前，先想一想这句话是否合适，是否会对他人造成伤害。其次，我们要学会尊重他人，尊重不同的观点和感受。即使我们不同意他人的看法，也应该用平和的语气表达自己的看法，而不是用攻击性的言辞去反驳。

在说话的时候，我们还要学会控制自己的情绪，在情绪激动时，往往容易说出一些冲动的话来。因此，在与人交流时，不要让情绪左右自己的言行。

智慧故事

法特马是一个教学经验丰富的教师，他的教学风格独特，善于运用生动有趣的案例和故事，将抽象的知识变得具象化、形象化，让学生更容易理解和接受。然而，法特马老师也有个缺点，他虽然擅长讲课，但是过于严厉，总是用苛刻的言语批评学生，甚至在和同事们交流时，也经常说出难听的话。人们都认为，法特马老师天生就有一张臭嘴。法特马老师对此不以为然，反而认为这是坦诚的表现。

有一天，一位女士前来拜访法特马老师。她是法特马担任教师以来，教过的第一批学生中的一个，而且是名非常优秀的学生。二人闲聊着如今的情况，又回忆起以前的生活。法特马感慨道："我真为你们感到骄傲。"

然而，这时女士忽然停下，扭过头来用不可思议的眼神看着法特马。突然发生的变化，让法特马感到十分惊讶，"怎么了？"法特马问。

女士说:"说实话,我真的不敢相信您会这么说,那时我的成绩明明是全班最好的,可您还是经常骂我,有一次说我笨得无可救药,根本不配当您的学生,还要求同学们不许和我玩。我以为您一直都看不起我。"

这番话让法特马老师怔在原地,他从未想过,当年那些无意间说出的话,竟然给别人造成这么大的误会,此时他终于认识到自己的错误。法特马老师嗫嚅着,过了良久,才终于开口:"对不起,我错了。"

会说话是一种能力,也是一种善良,是神奇的社交密码。聪明人懂得谨言慎行,知道如何管住自己的嘴,不随意评价别人的缺点,不会将别人置于尴尬的境地。耐心地倾听对方的想法和感受,尊重对方的观点和立场,不随意打断别人的发言,也不会用尖酸刻薄的话语来攻击或贬低他人,这是一种处世的大智慧。

赞美带给人的喜悦无可比拟

在人际交往中，赞美是拉近彼此距离、增进感情的有效方式。一句简单的赞美，能够让对方感受到我们的关心和尊重，从而建立起深厚的友谊和信任。

人们喜欢听到他人的赞美，那些赞美的语言如同一股清泉，滋润着人们的心田。赞美是神奇的，当一个人灰心的时候，一句鼓励的话，能令其绝处逢生；当一个人失望的时候，一句赞美的话，能使其重见光明。

无论是牙牙学语的幼童，还是白发苍苍的老人，都希望获得别人的赞美，因为无论年纪大小，人们都需要获得自尊心和荣誉感的满足。当对方的优越感被满足，警戒心理自然就会消失，拉近彼此的距离，让对方对你产生好感。接下来的交往自然会容易许多。

犹太人喜欢赞美别人，但是他们不会强行赞美，而是讲究方法。真正的赞美应该是基于事实的、真诚的。我们对他人的赞美需要夸到实处，让对方从语言中感受到诚意和尊重。例如，对方讲究穿着，我们可以向他请教如何搭配衣服；若对方是一名病人，你可以夸他病情见好、精神不错。总之，对别人的赞美要客观、有尺度、出于真心，而不是阿谀奉承、刻意恭维讨好，这样做会适得其反，引起别人反感。

智慧故事

美国著名的柯达公司创始人伊士曼，捐出巨款在罗切斯特建造一座音乐堂、一座纪念馆和一座戏院。为承接这批建筑物内的座椅，许多制造商展开了激烈的竞争。

但是，找伊士曼谈生意的商人无不乘兴而来，败兴而去。正是在这样的情况下，"优美座椅公司"的经理亚当森前来会见伊士曼，希望能够得到这笔价值9万美元的生意。

伊士曼的秘书在引见亚当森前，就对亚当森说："我知道您急于想得到这批订单，但我现在可以告诉您，如果您占用了伊士曼先生5分钟以上的时间，您就完了。他是一个很严格的大忙人，所以您进去后要快快地讲。"亚当森微笑着点头称是。

亚当森被引进伊士曼的办公室后，看见伊士曼正埋头于桌上的一堆文件中，于是静静地站在那里仔细地打量起这间办公室来。过一会儿，伊士曼抬起头来，发现了亚当森，便问道："可以做个自我介绍吗？"秘书给亚当森做了简单的介绍后，便退了出去。这时，亚当森没有谈生意，而是说："伊士曼先生，在等您的时候，我仔细地观察了这间办公室。我长期从事室内的木工装修，但从来没见过装修得这么精致的办公室。"

伊士曼回答说："哎呀！您提醒了我。这间办公室是我亲自设计的。当初刚建好的时候，我喜欢极了。但是后来一忙，一连几个星期我都没有机会仔细欣赏一下这个房间。"

伊士曼心情极好，便带着亚当森仔细地参观起办公室来了。他把办公室内所有的装饰一件件向亚当森做介绍，从材质谈到比例，又从比例谈到颜色，从手艺谈到价格，然后又详细介绍了他设计的经过。

此时，亚当森微笑着聆听，饶有兴致。

本来秘书警告过亚当森，谈话不要超过5分钟。结果，亚当森和伊士曼谈了一个小时，又一个小时，一直谈到中午。

最后伊士曼对亚当森说："上次我在日本买了几张椅子，由于日晒，都脱了漆。昨天我上街买了油漆，打算自己把它们重新漆好。好了，你到我家里和我一起吃午饭，再看看我的手艺。"

午饭以后，伊士曼便动手把椅子一一漆好，并深感自豪。

最后，亚当森不但得到了大批的订单，还和伊士曼结下了终生的友谊。

当我们真诚地赞美他人时，实际上是在传递一种正能量，这种能量能够激发对方内心中积极和善良的一面，让他们更加勇敢地面对生活中的挑战，也愿意用和善的面孔对待我们。

真诚的赞美，能够为我们建立良好的人际关系。俗话说"伸手不打笑脸人"，只要是赞美的语言，即使明白对方讲的是奉承话，被赞美者心里仍然免不了会开心，这是人性普遍存在的特点。分析每个人的特点，赞美他们的优点，这是我们必须学会的一堂社交课。

幽默感，人际关系的润滑剂

幽默感如同一把神奇的钥匙，能够打开彼此心灵的锁扣。它不仅是一种智慧的表现，更是人际关系的润滑剂，让人们在交往中更加轻松自如。

在与别人交往的过程中，我们很难做到一帆风顺，一些尴尬场景时有发生，此时从容地开个玩笑，紧张的气氛就能消失得无影无踪。想象一下，当你身处一个严肃的会议场合，气氛紧张得让人喘不过气来时，突然有人用一句幽默的话打破了沉默，整个会场顿时响起一片笑声。这种幽默的力量能够瞬间化解紧张情绪，让人们放松心情。

幽默感还能增进彼此之间的了解与信任。在人际交往中，信任是建立在相互了解和尊重的基础上的，而幽默感正是促进这种了解和尊重的重要手段。在轻松愉悦的氛围中，人们可以更加直接地展示自己的个性和思想，从而让对方更好地了解自己。

此外，幽默感还能提升个人的魅力和吸引力。一个拥有幽默感的人往往能够在交往中让对方更加愉悦和舒适，由此而给人留下深刻的印象。他们把幽默的力量运用得十分自如、真实而自然，在这种状态下，他们的观点就像飘飘扬扬的细雨，润物细无声，更容易让对方接受，同时也减少了误解和冲突的发生。

智慧故事

犹太人把幽默当成重要的精神食粮，他们用幽默调节生活，我们不妨来看三个笑话。

第一个笑话：有一个人在一间犹太餐馆里吃饭，忽然发现菜汤里有一只苍蝇，于是他叫来了服务员，气愤地说："你们餐厅的卫生太差了，苍蝇居然跑到汤里去了。"服务员说："真是抱歉，这么热的天，苍蝇也受不了了，跑到汤里游泳，请您不要生气，我马上为您换一碗。"服务员的处理，让顾客的怒火消减了不少。

第二个笑话：一个军官升官了，于是邀请士兵们吃饭。在庆功宴上，众人喝得醉醺醺的，一个士兵举起酒杯，走到军官身旁，准备向其敬酒。没想到，士兵一个没站稳，不小心把酒泼到军官身上了。现场的气氛顿时变得很尴尬。只见军官哈哈一笑，拍了拍衣服说："你是准备用啤酒给我洗衣服吗？太奢侈了，我可付不起钱。"此话一出，大家也跟着笑了。

第三个笑话：有个学生上学经常迟到，老师对他很生气，把他拎到走廊上，批评他——"你怎么天天迟到？再迟到就滚回家去，以后别来上学了。"学生红着脸，喃喃地说："老师，我又不是皮球，没法在地上滚。"看着学生懵懂的样子，老师心里那些想要批评的话被噎住了，只好让他回座位了。

幽默是一种弥足珍贵的能力。一个懂得幽默的人，不仅能够为自己带来快乐和满足，更能够用幽默的力量感染和影响身边的人。他们的存在就像一股暖流，让人们在疲惫和困惑中找到前进的动力和勇气。

幽默并不是一种刻意为之的表演，而是一种自然而然的生活态度。一个真正懂得幽默的人，不会刻意追求笑点，而是会在合适的时机、用合适的方式展现自己的幽默感。他们的幽默往往源于对生活的热爱和对人性的洞察，因此能够引起人们的共鸣和赞赏。

智慧启示录

低情商带来的几种问题

情商，本质上是一个人对自己情绪的管理能力，它是人的内在修养和品质的外在体现。情商高超的人，并非靠刻意压制自身情绪来博取他人的赞许，而是凭借深谙世事却不随波逐流的成熟，展现出的品德和修养。因此，与他们交往，总能给人带来一种舒适的感觉。

相反，低情商对人的影响则是负面的。低情商的人往往缺乏察言观色的能力，可能会在不恰当的场合说出一些令人尴尬或反感的话。这些话语不仅容易引发冲突，还可能破坏原本和谐的人际关系。在生活中，低情商总是让人感觉不舒服，伤人又伤己。

1. 难以有效管理自己的情绪

情商低的人，容易受到外界因素的干扰，情绪波动较大，难以保持稳定的心理状态。这种情绪不稳定性可能导致他们在面对挑战和压力时，无法冷静应对，甚至产生过激反应。此外，他们还缺乏自我控制能力，容易陷入消极情绪中无法自拔,从而影响日常生活和工作表现。

2. 难以处理他人的情绪

情商低的人,无法准确捕捉他人的情绪变化,也无法理解他人的需求和感受。这可能导致他们在人际交往中缺乏同理心,难以建立和维护良好的人际关系。此外,他们还可能因为无法妥善处理他人的情绪而引发冲突和矛盾,进一步破坏人际关系。

3. 缺乏自我激励和目标导向的能力

情商低的人,可能对自己的未来缺乏明确的规划和目标,也缺乏为实现目标而付出努力的决心和毅力。这种缺乏自我激励的状态,会导致他们在事业和生活中缺乏成就感和满足感,甚至陷入迷茫和沮丧的情绪中。

4. 很难坚持自己的立场

情商低的人,通常缺乏自我认知,对自己的情绪、需求和能力了解不足。这使得他们难以形成稳定的自我价值观,容易被他人的意见和看法所影响。在面临选择时,他们往往瞻前顾后,无法做出果断的决策,导致立场不坚定。

下 篇

传承——指引未来的教育智慧

尊重知识、重视教育,培养孩子的知识和才能,让他们拥有向逆境挑战的勇气和毅力,这是每个家庭的必修课,也是一个伟大民族的必修课。

第七章

永远把教育放在第一位

在纷繁复杂的世界中，犹太民族以其独特的智慧和教育理念赢得了世人的瞩目。他们不仅拥有卓越的商业头脑，在科技、文化、艺术等领域也取得了举世瞩目的成就。这一切的背后，都离不开犹太人对教育的深刻理解和重视。

没有教育，就没有未来

教育不仅是知识传授的过程，更是塑造优秀个体、推动社会进步的关键力量。它如同一颗种子，孕育着无限可能，滋养着未来的希望。

没有教育，民族就没有未来——这不仅仅是一句口号，更是对教育价值的深刻诠释。

在犹太人的思想中，文化教育占据着举足轻重的地位，他们认为成年人的首要义务就是教育子女，从小培养孩子的阅读习惯和学习能力，让孩子在知识的海洋中自由翱翔。在漂泊流离的岁月中，犹太人也始终对教育念念不忘，把教育当作头等大事。

这种对教育的态度，使得犹太民族人才辈出，我们熟知的爱因斯坦、马克思、卡夫卡等，都是犹太人，他们留下的艺术、文学和科学成果，是全人类的文化瑰宝。

智慧故事

爱因斯坦是一名伟大的科学家,关于他的学习生涯,流传着这样一个小故事。

爱因斯坦小时候很贪玩,经常跟一群小朋友一起出去玩。有一次,爱因斯坦拿上鱼竿,准备出去钓鱼,这时他的父亲走了过来。父亲拿着成绩单,担忧地说:"孩子,你这次考试,有几门功课都不及格,我和你母亲很为你担心。"

爱因斯坦挠了挠头,不以为然地说:"很多同学也不及格呀。"

父亲拿过了爱因斯坦的鱼竿,将他拉到一旁坐下,语重心长地对他说:"孩子,你不能这样看问题。我给你讲个故事吧。有两只白猫在屋里玩耍,钻进了烟囱里,当它爬出来以后,身上沾满了黑灰。另一只白猫看到以后,以为自己身上也沾满了黑灰,于是赶紧跑到河边洗脸。而那只脏猫,看到对方很干净,以为自己也很干净,于是大摇大摆地走出去了,结果吓得其他猫四下逃窜。"

"孩子,我们不能看到别人做什么,自己也做什么,"父亲说,"什么都跟别人学,就算是天才,也可能变成傻瓜。"

爱因斯坦听了以后,若有所思地点了点头。从此以后,他不再贪玩,开始用功学习。

犹太人的教育之道是一种值得我们深入学习和借鉴的智慧,它强调了教育对个人成长和民族发展的重要性,注重培养孩子的独立思考能力和创造力。在当今社会,我们更应该重视教育的作用,尽力为孩子提供良好的学习环境和资源,让他们成为未来社会的栋梁之材。

教师是一个民族的精神领袖

教师，作为教育的主体，他们的言传身教深深地影响着每一个学生的成长。在课堂上，他们用严谨的态度、生动的讲解，将知识的种子播撒在学生的心田；在课外，他们用关爱和耐心，呵护着每一个学生的成长。他们的每一个细微动作，都在传递着一种精神力量，这种力量如同灯塔一般，指引着学生前进的方向。

在犹太民族的传统文化中，存在一个特殊的角色——拉比。早期的犹太社会没有教师，神学课和文化课都是由拉比教授的。拉比接受过系统性的教育，不仅是知识的传递者，更是民族精神的传承者。他们通过讲述历史、文化、道德等方面的知识，让学生深刻理解和认同本民族的精神内涵。

这种教育理念一直延续至今，教师仍然是犹太民族的精神领袖。也因为如此，尽管犹太人热衷于追逐金钱和财富，但并不影响他们对教师职业的尊重。在他们看来，教师是一种神圣的职业，尊师重教也成为犹太民族的传统美德。

对老师的敬意，也促使犹太教师注重提升自我。他们不断学习、不断进步，以适应时代的发展和学生的需求。他们以身作则、率先垂范，用自己的实际行动来影响和感染学生。

智慧故事

前1世纪，犹太人中有一位拉比，名叫雅基巴。他出生在一个贫穷的家庭，以为当地的财主放羊为生，后来通过自己的刻苦学习，成为深受大家喜爱的学者。

后来，强大的罗马帝国通过武力占领了耶路撒冷，建造了新城，并禁止任何犹太人进入。民族自尊心促使犹太人拿起武器，数次掀起反抗运动，雅基巴的很多学生也在其中，他们也因此受到了严酷的迫害。为了彻底摧毁犹太人的民族精神，罗马的统治者们禁止他们培养拉比。失去了拉比，就意味着犹太人无法接受教育，民族精神也将逐渐湮灭。

面对民族文化灭亡的危险，雅基巴没有退缩，他四处搜集犹太典籍，并在暗中继续教学，努力使民族的精神火种延续下去。罗马人很快发现了他的作为，于是将他逮捕了。在监狱里，雅基巴遭受了非人的折磨，然而面对各种骇人的刑具，他始终没有屈服。就连实施刑罚的人，都为他的精神感到震惊。

雅基巴去世了，他不屈的精神却永远流传了下来。在犹太人的眼中，他是一位努力保护民族文化的教师，更是一位舍身成仁的殉道者，他的精神感染了无数人。

教师，是社会的建设者，是民族精神的传承者。他们默默耕耘在教育的田野上，用智慧和汗水浇灌着每一颗渴望知识的种子。他们不仅教授我们书本上的知识，更教会我们如何做人、如何处事。他们的言传身教，让我们在成长的道路上少走了许多弯路，让我们更加坚定地走向未来。

尊重教师，就是对知识的敬畏，我们应该时刻铭记教师的恩情，用实际行动来表达对他们的敬意和感激。

家庭教育是不可替代的

人一生接受的教育，可以分为家庭教育、校园教育、社会教育等。家庭是孩子成长道路上的第一站，不仅影响着孩子的性格塑造，更关乎其未来的成长与发展。事实证明，家庭教育是温情的，也是深刻的，它的优点是校园教育和社会教育无法代替的。

俗话说："三岁看老。"儿童时期养成的某些性格和习惯，或许看着并不显眼，但它们却会在无形之中影响我们的人生。而这些性格和习惯，通常是家庭教育养成的。通过家庭教育，孩子的品德修养、社交能力、思维习惯等方面的素质都会得到培养，而这些素质正是孩子未来成功的重要基石。

缺乏家庭教育的人生是不幸的，现实生活中已经有过许多案例。许多父母或是忙于生计，无暇顾及孩子的成长；或是因为教育方式不当，导致孩子心灵受伤；又或是因为家庭环境复杂，使得孩子无法感受到温暖和关爱。这些缺乏家庭教育的孩子，在成长的道路上往往更容易迷茫无助。

缺乏家庭教育的人，他们在社交方面往往显得力不从心。他们缺乏与人建立良好关系的经验，不懂得如何表达自己的情感和需求。在与人交往的过程中，他们品尝到的更多的是孤独和失落，甚至难以融入集体和社会。

此外，缺乏家庭教育的人还容易缺乏自信和自我价值感。他们可能对自己的能力和价值产生怀疑，不敢追求自己的梦想和目标。在面对困难和挑战时，他们经常感到沮丧和挫败，缺乏应对问题的勇气和信心。

智慧故事

小男孩诺尔喜欢踢球，他从小就对足球情有独钟。每当电视里播放足球比赛，他那双明亮的眼睛就会紧紧盯着屏幕，仿佛要穿透屏幕，踏上绿茵场。

玩耍中的男孩，总是容易犯错。有一天，诺尔像往常一样，和小伙伴们一起，在小区的空地上尽情地享受踢球带来的快乐时光。只见诺尔一记大力抽射，足球就像离弦的箭飞了出去，正好击碎了一栋房子的玻璃。在惊呼声中，小伙伴们四散而逃，诺尔也跟着逃回了家里。他钻进自己的房间，啪的一声关上房门。

看着慌慌张张的诺尔，父亲心想：肯定是闯祸了。随后，父亲敲响了房门，他先是安抚了诺尔，然后询问发生了什么。诺尔张口结舌，好不容易才将事情的经过说清楚。

父亲叹了口气，随后耸了耸肩，说："如果是其他人，或许会有很多种回答。比如老师会批评你，小伙伴们会劝你躲起来，被打碎的玻璃的主人可能会责怪你。但我是你的父亲，我有义务告诉你，怎样做才是正确的。一个人犯了错，就应该认识到自己的错误，然后勇敢地面对它。"

在父亲的陪伴下，诺尔找到了那家住户，向他们郑重地道了歉，然后向他们赔偿了修窗户的费用。对于这件小事，住户根本没有放在心上，于是爽快地接受了诺尔的道歉。

当然，这件事让诺尔感到开心的另一个原因是——他要回了自己的皮球，以后可以继续玩了。

家庭，作为个体成长的第一个社会单位，承载着教育、引导、陪伴等功能。在这里，我们学会了如何与人相处，如何面对困难，如何树立正确的价值观。当我们成长时，父母是见证者；当我们犯错时，父母则是引路人。在家庭里，父母指出正确的做法，帮助和引导孩子改正错误的行为，让孩子明事理、肯听话，未来才能少走弯路。

接受不完美的儿女

接受不完美的儿女是父母育儿过程中的重要一课。每个孩子都是独一无二的，他们有自己的优点、缺点、兴趣和才能。作为父母，需要学会欣赏他们的独特性，而不是试图将他们塑造成自己心目中的"完美"形象。

犹太人非常关心孩子，也希望孩子能够按自己的意愿去发展，但是为了孩子更好地成长，他们仍然决定尊重孩子的性格特点。即便孩子是平庸的，也坦然接受。在犹太人的教育哲学中，尊重孩子的独特性已经成为共识。他们深信，每个孩子都是这个世界上独一无二的瑰宝，拥有着各自独特的天赋与潜能。因此，他们并不会苛求孩子成为完美的人，而是将更多的目光投注在培养孩子的独立思考能力和创造力上。这种独特的教育理念让犹太儿童能够充分发掘和展现自己的优势，从而在各自的领域里脱颖而出。

在孩子成长的过程中,犹太父母不会做出过高的期望,他们尊重孩子的个性和选择,因为每个孩子都有自己的发展速度和方向,而过高的期望会给孩子带来压力,影响他们的自信心和幸福感。

相比缺点,他们更关注孩子的优点。这一点值得所有父母学习,因为每个孩子都有自己的闪光点,父母应该发掘孩子的优点,并且鼓励他们发挥自己的特长,让他们在擅长的领域取得成就。

智慧故事

米里是个7岁的小女孩,她非常喜欢舞蹈,无论是学校的课间活动还是家庭聚会,米里都愿意为众人献上一支舞蹈。

有一次学校举办了一场跳舞比赛,米里和同桌一起报名了,她们在老师的指导下刻苦练习。然而,在练习最后一个节拍时,米里总是跳错。老师让她停下来休息一会儿,顺便看看同桌的表演。只见同桌小小的身躯随着音乐起舞,灵动而充满活力,让人不由自主地为她的舞蹈天赋而赞叹。

米里又尝试了几次,仍旧无法把动作做得像同桌那样完美。老师也感觉很可惜,只好对她说:"看来你不适合跳这个舞蹈,这次学校的比赛,就让同桌去吧。"

尽管米里很用功,却仍旧比不上同桌,她心里特别沮丧,一句话也说不出来。当她回到家里以后,妈妈看到她的表情,好奇地问她发生了什么事。于是,米里把跳舞的事情告诉了妈妈。"我真是个笨小孩,看来我不适合跳舞。"米里说。

妈妈看着她的眼睛，心疼地说："或许你的天赋比不上同学，这很可惜，但我知道你一直在努力。很多时候，我们无法做到完美，但是没关系。我想告诉你的是，接受自己的不完美，然后继续去努力，去学习。你永远是我最爱的女儿，希望你的每一天都能开开心心地生活。"

听了妈妈的话，米里的心里舒服多了。

接受不完美的儿女，需要父母具备宽容、理解和支持的心态。父母应该尊重孩子的个性和选择，接受他们的优点和缺点，并在他们面临挑战时给予足够的支持和鼓励。只有这样，才能与孩子建立起亲密的亲子关系，让孩子在健康、快乐的成长环境中茁壮成长。

当孩子遇到挫折时，父母要鼓励他们勇敢面对困难，并且给予实际行动，在心理上或物质上帮助他们。让孩子知道，他们不必担心自己不够优秀，因为父母永远是最坚实的后盾，父母的爱永远不会消失。

平等地看待男孩和女孩

在这个五彩斑斓的世界里，每一个生命都如同美丽的花朵，无论是男孩还是女孩，都拥有色彩和芬芳。然而，遗憾的是，在现实生活中，总有人因为性别的差异而对孩子投以不同的眼光和期待。这样的偏见不利于孩子的健康成长，更有可能阻碍他们走向宽广的未来。

父母区别对待男孩、女孩，会干扰孩子正确地看待自己。你或许会发现，被区别对待的孩子在与异性相处时显得格外拘谨，不知道如何与异性聊天、交往。这是一个非常严肃的问题，因为良好的社交能力对孩子未来的发展至关重要。因此，父母应当摒弃偏见，平等地看待男孩和女孩。

首先，要平等对待不同性别的孩子，就要摒弃传统的性别刻板印象。我们常常认为男孩应该勇敢、坚强，女孩应该温柔、细腻。然而，这样的观念已经不符合当下的社会背景，它限制了孩子的个性发展和潜能挖掘。每个孩子都是独一无二的，他们应该被允许根据自己的习惯和天赋去选择自己的性格，而不是被性别的标签所束缚。

平等看待男孩、女孩，还需要在教育上做到一视同仁。无论是课堂教学还是课外活动，我们都应该给予男孩和女孩同等的机会，鼓励他们互相学习、一起进步。只有这样，孩子才能学会尊重、理解异性，成为一个具有良好教养的人。

智慧故事

一个阳光明媚的下午，大卫坐在家里的沙发上，双眼紧盯着窗外那片绿意盎然的草坪，心中却充满了纠结。

大卫的表情，被妈妈看在眼里。妈妈问他："在想什么呢？大卫。"

大卫说："今天班里来了一个新同学，是个女孩，名字叫塔玛，老师让她和我当同桌。可是我不想和她坐在一起。"

妈妈感到很好奇："为什么呀？"

大卫说："同学们总是起哄取笑我，他们说，我和女孩坐一起，时间久了，我也会变得跟女孩子一样扭扭捏捏的。有的同学还说，女孩子都喜欢花花草草的，玩游戏太笨了，所以他们不喜欢跟女孩子玩。"

听了大卫的话，妈妈笑了起来："你的同学们真是有趣呀，不过他们说得不对。世界上的人不可能都是一模一样的，每个人都有自己的特点，男孩有男孩的特点，女孩有女孩的特点，我们要学会尊重别人。而且女孩子也有优点呀，女孩子温柔又可爱，喜欢花花草草说明她们很有爱心，跟这样的人一起玩，你也会变得很有爱心的。你可以试着邀请塔玛来家里做客，一起分享快乐，这样你们之间的友谊就会慢慢生长。"

大卫似懂非懂地点了点头。

性别上的差异，使得男孩与女孩的生活不可避免地具有不同之处，加上对异性的不理解，许多人会受到性别刻板印象的束缚。他们认为男性应该具备某种特质，女性则应该具备另一种特质，这其实是一种偏见。因为随着时间的流逝，群体的特征已经发生了变化，对性别的认知也应当与时俱进。

我们要勇于打破不适应时代的旧思想，平等地对待男孩和女孩，同时教育孩子尊重异性，这是社会进步的体现，也能促进孩子的健康成长和全面发展，构建一个更加和谐、包容的社会。

教会孩子尊重他人

在教育孩子时，那些能被量化的事物，父母通常都做得很好，但生活中也有无法被量化的事情，比如学会尊重他人。父母对孩子的爱是无私的，很多父母倾其所能，为孩子提供最好的食物、教育。然而，在为孩子铺设人生道路的同时，教会孩子尊重他人、理解责任与培养自立能力，也是父母不可忽视的重要课题。通常父母会认为，孩子还很小，不懂得复杂的人际关系，却忽略了人际关系这门课是需要从小开始培养的。

尊重他人，是一种为人处世的智慧。它不仅是人与人之间的基本礼仪，更是展现个体道德品质的关键所在。懂得尊重别人，对方才更愿意与你交往，才能让自己成为一个有价值和受人欢迎的人。相反，缺乏对他人的尊重，往往会导致误解与隔阂的产生，甚至可能使我们错失许多建立深厚友谊的机会。

犹太人在教育孩子的时候，把"尊重"这堂课摆在首页。在他们看来，如果孩子不能学会尊重他人，就无法成为一个心理健康的人。这对孩子的成长毫无帮助，反而会带来灾祸。

犹太人教育孩子学会倾听，不仅要学会等待表现的机会，更要学会真正理解对方的观点和感受。在日常生活中，他们会通过一起阅读书籍、讨论电影情节或者家庭会议等方式，鼓励孩子分享自己的想法，在此过程中学会认真倾听其他人的观点。而当孩子与其他小朋友相处时，犹太人父母则会教育他们理解并尊重他人的个人空间、隐私和选择。例如进入房间之前要先敲门，未经允许不查看别人的日记或手机等。

智慧故事

艾萨克结束了一天的繁忙工作，带着疲惫的身体回到家中，他最期待的就是看到家人的笑脸。作为一位犹太人父亲，艾萨克有一个美丽的妻子和两个孩子——长子约瑟夫和次子大卫。

艾萨克回到家，打开了一个包裹，里面装着的是满满一盒糖果，这是他在回家的路上，从街角的百货商店里买的。他把糖果倒在桌子上，然后喊来两个孩子。约瑟夫和大卫立即跑了过来，将桌子上的糖果一抢而空。大卫抢到的糖果少，他感到很不开心，嘟囔着找爸爸做主。于是，艾萨克让兄弟俩把口袋里的糖果都拿出来，亲自为他们分配。

然而，兄弟俩并未学会尊重对方，当父亲再次买回糖果时，他们仍旧抢了起来。看着兄弟俩的表现，艾萨克知道，必须要好好教育他们。艾萨克想了一个办法，他把糖果放在桌上，然后对儿子们说，他们俩只能有一个人分糖果，但是分好以后，必须由另一个人先挑。

兄弟俩面面相觑，他们想了很久，最后发现，只有把糖果公平地分成两份，自己才能不吃亏。时间久了，兄弟俩逐渐学会了谦让，假如发现对方分到的东西太少，他们还会主动从自己的那份里拿一点分出来作为补偿。

就这样，艾萨克轻松地化解了兄弟俩的矛盾，约瑟夫和大卫也学会了尊重对方。

教育孩子尊重他人，并非让孩子吃亏，而是对他们的心理健康和未来生活的负责。通过这样的教育，能为孩子的人生旅程减少很多不必要的阻碍，让他们成为能够贡献于社会、享有健康人生的成年人。为此，父母需要以身作则，对每个人都保持尊重和礼貌，在潜移默化中影响孩子。

培养独立且自信的孩子

你的孩子是否有这样的表现：说话时吞吞吐吐，不敢直视别人的眼睛，遇到问题就畏缩不前，失败后就一蹶不振……其实，这些都是自卑的表现。

在孩子的成长过程中，培养孩子独立和自信的人格，无疑是每位父母的重要课题。独立，是行动的羽翼，赋予他们自由飞翔的能力；自信，则是心灵的支柱，让孩子有勇气面对眼前的挑战。一个独立且自信的孩子，将更有能力面对生活的挑战，追寻自我实现的道路。

独立与自信是一对孪生兄弟。养成独立习惯的孩子，遇到困难时，更擅长想办法自己去解决。当他通过自己的努力将难题解决之后，自信就油然而生了。因此父母要学会放手，让孩子在日常生活中做出选择并承担后果。从小小的决定如自选衣物，到更大的决策如管理零用钱，每一次选择都是孩子学习自我管理和承担责任的机会。父母的角色是提供指导，是支持孩子自主思考，而不是替代他们做每一个决定。

培养独立与自信的关键，是让孩子感受到无条件的爱。当孩子确信无论成绩如何，父母都会为他们鼓掌；无论表现如何，家庭都会给予他们温暖，这种安全感是建立自信的坚实基础。父母应该通过言语和行动，持续地传达对孩子的爱和支持，让他们感到自己的价值不因外在成就而改变。

在日常生活中，犹太人总是鼓励孩子探索自己的兴趣。当孩子投身于他们热爱的活动时，他们会自然而然地展现出主动性，从而变得更加独立，更加有想法。

智慧故事

奥德娅7岁了，这是一个充满好奇和探索的年龄，但是父母注意到，她似乎比同龄的孩子更加依赖父母，就连早起下床时，也要父亲抱她下来。在与同龄人的互动中，奥德娅也常常显得犹豫和害怕，这让父母心中充满了担忧。他们希望奥德娅能够学会独立，勇敢地表达自己，于是开始寻找方法来帮助她克服害羞，培养自信。

有一天，父亲提出要和她做个游戏，父亲张开双臂，让奥德娅站在床上，跳到他的怀里。"放心，我一定会接住你的。"父亲说。

奥德娅犹豫了很久，最终在父亲的鼓励下，从床上飞扑了下去。父亲果然没有让她失望，稳稳地接住了她。奥德娅开心极了，这个游戏让她感到非常刺激。

后来，他们经常玩这个游戏，父亲都能稳稳地接住她。然而，当奥德娅有次和往常一样跳起来时，父亲突然不按预期行动，没有接住她。奥德娅扑了个空，差点摔倒了，还好床并不高，她只是踉跄了几步，随后就站稳了。

这时，父亲笑着对她说："女儿太棒了，我就知道你一定可以的。"

后来，他们仍然继续这个游戏，父亲有时会接住她，有时不会接住，但是没有关系，因为奥德娅已经不再害怕了，她自己也能轻松站稳。此后，奥德娅变得更加勇敢，也更加独立了。

培养自信且独立的孩子是一项持续的工作，要求父母在爱与支持中找到平衡，既要学会放手，给予孩子足够的自由去探索和犯错，也要在必要时提供指导和保护。通过这样的教育方式，孩子将成长为能够自信地面对未来挑战、独立追求梦想的有担当的人。这是父母能给孩子的最宝贵的礼物。

让孩子养成健康的饮食习惯

在犹太家庭中，孩子的健康教育被赋予了与知识和财富同等重要的地位。尽管犹太民族在历史上曾饱受磨难，流离失所，生活环境恶劣，但他们始终坚守着对健康的追求，从个人卫生到饮食洁净，无一不体现出对生命的尊重与呵护。

从孩子幼年起，犹太家庭便不遗余力地传授孩子宝贵的生存智慧，教导他们辨别食物、遵守饮食禁忌，确保每一口食物都纯净而有益。

在犹太人的饮食哲学中，首要原则是避免食用不洁之物，即便是洁净的食物，也必须按照特定的方式处理后才能享用。

犹太人同样重视进餐时间的合理性，认为应在身体自然发出饥饿信号时进食，倡导"饥则食，渴则饮"的生活原则。他们认为，不规律的饮食习惯会损害胃部健康。一位智慧的拉比曾这样教导子女："晨起先餐，夏避炎热，冬防寒侵。"这不仅是在指导孩子合理安排饮食时间，更是在培养他们的自律与自我管理能力。

在进餐礼仪上，犹太人同样有着严格的要求。他们主张在用餐时保持安静，避免交谈，以防食物误入气管造成伤害。犹太家庭餐桌上的氛围总是宁静而专注的，孩子被教导在进餐时保持端正的坐姿，不得嬉戏打闹。这种良好的饮食习惯有助于食物的消化吸收，同时也是对肠胃健康的细心呵护。

犹太家庭对孩子的健康教育不仅体现在对饮食的精细管理上，更蕴含了对生命的尊重、对健康的珍视，以及对未来生活的美好期许。

智慧故事

午餐的时候，妈妈给霍夫曼烙了他最喜欢吃的馅饼。霍夫曼高兴极了，于是兴致勃勃地开始吃起来。霍夫曼吃完第三个后对妈妈说："妈妈，请再给我一个馅饼。"

妈妈："霍夫曼，你知道你已经吃了几个馅饼了吗？"

霍夫曼："三个了。"霍夫曼大口大口地吃起来。

妈妈："这是最后一个，吃完之后，就不能再吃了。

霍夫曼："为什么？我还能再吃一个，你看我的肚子还很小呢！"

妈妈："再装一个馅饼，你的小肚子就要撑坏了。"

霍夫曼："可是，妈妈，我喜欢吃馅饼，可不可以让我再吃一个？"

妈妈："霍夫曼，记不记得上次约翰是为什么被送到医院的？"

霍夫曼："因为他吃了很多很多的食物。"

妈妈："孩子，如果你吃太多的馅饼也会和约翰一样，你的胃会吃坏的。记住妈妈的话，要按时进餐、适量进餐，好吗？"

霍夫曼："妈妈我知道了，我会记住的。吃坏了肚子要进医院，还要打针，我不会暴饮暴食。"

霍夫曼吃完手里的馅饼后，高高兴兴地出去找伙伴们玩了。

培养孩子的健康饮食习惯是一项长期的任务，它需要父母的耐心、智慧和坚持。通过日常生活中的言传身教，父母要为孩子树立起健康生活的榜样，让他们从小养成良好的饮食习惯，为未来的健康和成功打下坚实的基础。这样，我们不仅为孩子的未来贡献了一部分，也为他们成长为有责任感和自控力的成年人铺平了道路。

爱，需要说出来

犹太人认为，爱是应该说出来的，把自己的情感明明白白地说给孩子听，孩子才会知道你的心意。

孩子在缺乏表达爱的环境中成长，往往容易滋生消极情绪，甚至逐渐丧失对生活的热爱与期待。一旦遭遇挫折或困难时，他们可能会表现得更为脆弱，抗挫折能力明显不足，更倾向于逃避而非积极面对。由此可见，父母能够主动且真诚地向孩子表达爱意，无疑是给予孩子的一份极其宝贵的礼物。

更进一步地说，那些在成长中未曾感受到爱的孩子，他们在与他人的交往中往往难以展现出爱的能力。出于自我保护的本能，他们的行为可能显得更加以自我为中心，对他人的容错度较低，待人接物时容易显得苛刻。同时，由于内心对爱的渴望与现实中爱的缺失形成的鲜明对比，他们可能会更加抵触分享自己的情感，害怕进一步受伤。

犹太人表达爱意的方式则很直接，他们经常对孩子说"我爱你，宝贝"。这样一句简单的话语，不仅不会削弱父母的威信，反而能够加深与孩子之间的情感纽带。

所以，父母也要学着向孩子表达爱，例如，在特殊的节日里，为孩子准备一份充满爱意的礼物，是父母表达关爱的绝佳方式。这份礼物并不需要花费很多钱，但对孩子来说，却可能成为他们心中难以忘怀的美好回忆。同时，父母也要懂得引导孩子表达爱，以不断提升孩子的情商，例如："宝贝，爱爸爸（妈妈）吗？"用这样的句子进行引导，既简单，效果又好。

智慧故事

科恩太太生活在美国东部的一座小镇，她的邻居是一对东亚夫妻，人们称他们为韩先生、韩太太。韩先生和韩太太有一个女儿，是一个标准的乖乖女，学习成绩好，待人接物的时候也很有礼貌，科恩太太很喜欢她。直到有一天，科恩太太和韩太太聊天时，才发现事情没有那么简单。

原来，女孩已经上中学了，进入青春期以后，女孩逐渐变得沉默，平时很少和爸妈沟通，在学校的时候也很少给爸妈打电话。韩太太为此感到很苦恼。

科恩太太安慰韩太太："可能她只是比较害羞呢？或者不太喜欢说话？"

"不，她以前很开朗，只是最近变得沉默了，和我们的关系疏远了,这让我感到很不好受。"韩太太说。

交谈中,有一件小事让科恩太太感到很不可思议,原来韩太太和女儿的交流很少,甚至从未对女儿说过一句"我爱你",女儿为此产生了被忽略的感觉。科恩太太说:"这可不好,你应该放下害羞,对她说'我爱你',让她知道自己是一直被爱的,才有可能修补亲情。"

在科恩太太的帮助下,韩太太终于勇敢地对女儿说出了自己的爱意,一家人的感情也再次升温。

很多时候,父母羞于表达感情,把所有的爱都融进生活的点点滴滴。然而,孩子或许并不理解父母的深意,直到长大成人以后,才逐渐懂得,因为误会产生的隔阂,给自己和家人的生活带来了很多不必要的烦恼。

不要害怕说出爱,同时也要教孩子勇敢说出爱。当爱被大声说出来时,我们会发现,原来自己并不孤单。

智慧启示录

当代家庭教育普遍存在的痛点

现代人在教育孩子方面，面临着前所未有的困扰和挑战。从学业压力、兴趣培养、心理健康到品德教育，每一个环节都充满了复杂性和不确定性，让许多父母感到力不从心。

1. 学业上的压力

在竞争激烈的社会环境中，父母往往希望孩子能够在学业上取得优异成绩，以便将来能够进入好的大学，找到一份好工作。然而，任何事情都要讲究适量。适度的压力可以激发孩子的学习动力，促使他们更加努力地追求目标。过度的期望往往给孩子带来超负荷的心理压力，导致他们缺乏自信、焦虑不安，甚至产生厌学情绪。

在教育孩子学习时，父母应该学会制订合理的目标和计划，确保孩子逐步提升成绩。更重要的是，父母需要学会调整自己的心态，保持积极乐观的态度，相信孩子能够克服困难，取得成功。

2. 兴趣培养问题

在多元化的社会背景下，孩子的兴趣爱好也变得越来越广泛。父母希望孩子能够全面发展，但又不知道如何选择和平衡各种兴趣班。有时，父母甚至会将自己的兴趣强加给孩子，忽略了孩子的真正需求和兴趣，这样只会适得其反。

父母应该调整自己的心态和期望，认识到每个孩子都是独特的个体，具有不同的潜能和兴趣，在尊重孩子意愿的前提下，帮助孩子发展不同的技能。

3. 孩子的心理健康问题

在现代社会中，孩子面临着更多的挑战，如网络成瘾、社交焦虑等。这些问题不仅影响孩子的学习和生活，还可能对他们的未来发展产生负面影响。

引导孩子走上正确的道路，首先，要给予孩子足够的关爱和支持，让他们感受到家庭的温暖和安全，否则只会适得其反。其次，父母应该深入了解孩子遇到的问题，感同身受之后，帮孩子解决问题更能获得孩子的共鸣和认同。

4. 品德教育问题

许多父母将更多的关注点放在了孩子的学习成绩上，却忽略了孩子的品德教育，导致许多孩子缺乏感恩、尊重、责任等良好品德。须知品德是做人的根本，父母应该注重培养孩子的品德素养，让他们成为有道德、有责任感的人。

第八章
从小开始财富启蒙课

犹太人的财富启蒙教育始于家庭，父母会在孩子很小的时候就开始向他们传授关于金钱和财富的知识。犹太父母会强调金钱的价值，教导孩子如何理财、投资和储蓄。这种教育方式不仅能培育孩子的财富使用技巧，还能塑造孩子的价值观，是他们成功的关键。

把零花钱还给孩子

养育孩子的过程中，父母烦恼的事情千千万，比如每次去商场，孩子总是对各式各样的商品表现出浓厚的兴趣，这是令很多父母都感到困扰的难题。其实，这个问题并不难解决，窍门就是把零花钱还给孩子。父母可以给孩子一定的零花钱，让他们学习如何管理手中的财富，这或许是一种更加科学、有益的教育方式。

热爱追求财富的犹太人，从小就开始学习获取财富的知识和技能，他们对财富的管理，是从零花钱开始的。事实证明，这种财务意识的培养，对孩子未来的人生规划和生活质量有着深远的影响。把零花钱还给孩子有助于培养他们的财务意识，让孩子学会如何规划支出、节省开支，从而理解金钱的价值。

更重要的是，当孩子拥有一定的零花钱时，他们可以根据自己的需求和喜好做出消费选择。例如，他们会用零花钱购买自己想要的东西，当零花钱不够用时，他们就必须做出抉择：要么继续攒钱，直到足以购买；要么放弃决定，转而选择其他"平替"。这种自主决策的过程，有助于孩子形成独立思考和解决问题的能力。在此过程中，孩子逐渐树立了责任感和自律性。

当然，把零花钱还给孩子，也需要遵循适度原则，以免让他们养成胡乱花钱的习惯。例如，给孩子事先定好规矩，不允许购买某些不健康的食品或不必要的玩具，并且每个月的零花钱是有限额的，一旦用完就只能等下个月再领取。

智慧故事

奥利维亚是一个活泼可爱的小女孩，她总是对各种小玩意儿和零食充满兴趣，因此她的零花钱常常在不经意间就花光了。

在一个阳光明媚的周末，奥利维亚的妈妈决定教她一个非常重要的人生课程——如何管理自己的零花钱。"奥利维亚，你觉得自己的零花钱够用吗？"妈妈温柔地问道。

"嗯……我觉得不太够，有好多东西我都想买，妈妈你什么时候再给我零花钱呀？"奥利维亚挠了挠头，满怀期待地回答。

妈妈很严肃地对她说："从今天起，你要学着自己管零花钱了。"

"什么意思？我不太明白。"

"以前你的零花钱都是我在管，但是现在你长大了，已经能够认识钱了，也会自己用钱买东西了，所以我决定每个月给你一次零花钱。记住，一旦用完了，就只能等到第二个月才有零花钱了，所以你要省着点用，知道了吗？"

奥利维亚感到很不安："可是我怕……"

妈妈微笑着拿出一个记账本和一支笔，说："没关系，妈妈教你一个方法，你每次买了东西以后，就要在这个本子上写下日期、买了什么、花了多少钱。这样，你就能随时查看自己的零花钱还有多少了。"

接着，妈妈给奥利维亚设定了一个预算。她告诉奥利维亚，每个月她都会给她一定数量的零花钱，她需要在这个预算内安排自己的开销。如果超支了，她就需要想办法节省或者调整自己的消费计划。

奥利维亚非常认真地听着妈妈的教导，她觉得自己以前真的从来没有认真考虑过钱的问题。她开始按照妈妈的方法，每次买了东西就记录下开销。慢慢地，她发现自己对零花钱的掌控能力越来越强了。

有一天，奥利维亚发现自己的零花钱还剩下很多，她高兴地对妈妈说："妈妈，我还有好多钱没用完呢！"

渐渐地，奥利维亚变得更加懂事和独立了。她不仅学会了如何管理自己的零花钱，还懂得了珍惜每一分钱的价值。妈妈也为她的成长感到骄傲和欣慰。

把零花钱还给孩子，是一个很好的教育机会，可以帮助他们学会如何管理自己的财务。通过沟通和教育，可以让孩子的理财能力快速提高，同时孩子的心智也会变得更加成熟。犹太人把零花钱的管理权交还给孩子，用这种方式帮助孩子锻炼财商，这正是促使犹太人成为世界商人、获取大笔财富的原因之一。

给孩子开一个银行账户

金融知识是犹太人的必修课，对孩子来说，从小培养他们的金融意识和理财能力，无疑是让他们未来更好地适应社会、实现财务自由的关键。犹太人始终坚持"财商教育要从孩子抓起"，从小就让孩子亲自管理零花钱，有条件的还会给孩子开设一个账户。他们会选择一家信誉良好、服务优质的银行，然后带着孩子一同前往，让孩子看着自己是如何操作的。父母以自己的名义开了一个账户，然后就把孩子的零花钱存进去，作为孩子的专属账户。

给孩子开设银行账户，可以帮助他们学习如何安全管理自己的"小金库"。毕竟，有了银行的帮助，孩子的零花钱会更加安全。通过定期存款，孩子可以学会规划和管理自己的零花钱，逐渐培养起理财的习惯。

除此之外，在开设银行账户之后，父母还可以向孩子讲解基本的金融和理财知识，例如，利率、定期存款等。这些实际操作将使他们更加直观地了解金融运作的原理,为将来的投资和理财打下坚实的基础。

　　有条件的家庭,还可以给孩子提供更深入的财商教育。例如,当代社会是一个信用社会,每个人都有信用记录,拥有一个银行账户,可以帮助孩子更好地理解信用记录。这对他们未来申请贷款、信用卡等金融服务,以及购买房产、汽车等生活所需具有重要意义。

智慧故事

　　商场里陈列的漂亮球鞋,让罗曼和同学看得眼睛都直了,然而球鞋的价格——整整150新谢克尔,这让他们十分犹豫。

　　罗曼说:"我的零花钱只有50新谢克尔,买不了这么贵的鞋子。"同学纠结地说:"我倒是有150新谢克尔,可是……买了这双鞋,我的零花钱就没了。"

　　罗曼惊讶地问:"你怎么有这么多钱?"

　　同学说:"妈妈给我开了个账户,平时我就把钱都存在里面,好不容易攒了150新谢克尔。"

　　回家以后,罗曼把事情说给爸爸听,表示自己也想跟同学一样,拥有一个自己的账户。于是,第二天,爸爸就带着罗曼来到了银行。银行的工作人员非常热情,耐心地为他们讲解了开设儿童银行账户的流程和注意事项。

　　在了解了相关信息后,爸爸选择了一个合适的账户类型,办理了一张银行卡,并且往里面存了一笔钱。他对罗曼说:"我把下个月的零花钱存在里面了,以后这就是你的专属账户了。每次拿到零花钱时,你都要把钱存进去,等到用的时候再来取。"

接下来,爸爸教了他如何输入密码、查看余额等基本操作。罗曼兴奋地拿着自己的银行卡,仿佛拥有了一个全新的世界。

随着社会的进步和金融服务日益深入人心,为子女办理银行卡成为越来越多父母的选择。这不仅有助于孩子更早地接触和理解金钱的概念,还能培养他们管理和使用财务资源的技能。尽管这种做法在某些方面也存在争议和潜在风险,但总体而言,为孩子办理银行卡的积极效果远大于潜在风险。

让孩子从小就了解基本的金融知识,并不是单纯地给孩子灌输理财知识,更重要的是,借此帮助他们建立起人生所需的选择智慧和正确的价值观。毕竟,财商教育不仅关乎财富的积累和运用,更是一场品格的锤炼和责任感的培养。

投资有风险，理财需谨慎

随着社会的进步和经济的发展，投资与理财已经成为现代人生活中不可或缺的一部分。面对投资带来的利益，很多人会迷失双眼，怀揣着暴富的梦想，把自己的积蓄投入其中。然而，资本市场上最不缺的就是投资失败的故事。无论是股票、基金、债券还是其他形式的投资，都存在一定的风险。市场波动、经济周期、政策变动等因素都可能影响投资收益。

如果总结这些人失败的原因，我们会发现大多数人对投资与理财的概念一知半解，甚至存在误解。例如，在没有充分了解投资项目时，就盲目相信未来的收益，或者拒绝相信可能存在的风险。犹太人中流传着很多关于财富的故事，其中也不乏失败的案例，他们用这些故事警醒人们，"投资有风险，理财需谨慎"绝对不是一句空话，而是被无数事实证明过的真理。

犹太人在开启财富启蒙课时，必定也会将理财的风险告诫给孩子。投资理财无非有三种结果：盈利、亏损、不赚不亏。他们会告诉孩子，世界上的任何一笔投资，都不会是稳赚不赔的。在理财之路上，总有各种各样的陷阱等着我们。即便是最优秀、最著名的商人，也有可能遭遇滑铁卢。

智慧故事

在犹太人之间，流传着一个卖鸽子的故事。话说，在一个古老的城镇里，出现了一位商人，他对路过的人说，自己十分着急想买一批鸽子。当时市场上的鸽子需要40元一只，他愿意出价50元一只。

很快，有一位专门饲养鸽子的人出现了，他带来了200只鸽子，商人把它们全都买了，痛快地付清了钱。交易完成之后，商人仍旧要买鸽子，他放出消息，明天将以60元一只的价格，继续收购。

消息传出以后，很多人纷纷带来了家里养的鸽子，商人将它们全部收购了。人们都以为，这下商人肯定已经满足了。然而，商人再次放出消息，将会以100元一只的价格继续收购。面对这么诱人的价格，整个城镇都轰动了，人们把家里所有的鸽子都拿去卖了，甚至开始从野外捕捉鸽子。就这样，商人把城里的鸽子市场垄断了。等到商人再次来到时，城里已经找不到一只鸽子了。于是，商人和他们约定，明年会按照100元一只的价格，继续来买鸽子。

这时，从外地来了一个专门贩卖幼鸽的人，他了解到城里的鸽子市场异常火爆，于是把幼鸽的价格卖到 60 元一只，这个价格远远超出平时。尽管如此，人们还是疯狂抢购。幼鸽的数量巨大，似乎永远也买不完，简直要多少有多少，直到城里的人们再也掏不出一分钱为止。

然而，那个买鸽子的人，再也没有出现过。人们这才意识到被骗了，他们用毕生的积蓄，换了一群群鸽子。

财富是一把双刃剑，它可以为我们带来便利的生活，却也有可能让我们变得盲目，从而走入陷阱之中。为了追求财富而盲目进行投资，是一种非常危险的行为，无数人为此失去了财富。这些道理应该尽早告诉孩子，让他们明白，获取财富需要付出努力和汗水，而不能寄希望于一夜暴富或是不劳而获。

要花钱，就自己去赚

在很多人的观念里，长辈和晚辈之间不应该过早地谈论金钱。小孩子不理解金钱，只要搞好学习就行。他们相信"君子喻于义，小人喻于利"，意思是君子看重的是道义，小人看重的是利益，仿佛谈论金钱就会使亲子关系的朴实性受到污染。然而，问题始终存在，不会因为我们不去谈论，就自动解决了。实际上，我们经常能够在新闻上看到，一些孩子使用父母的手机，在游戏里充值几千元、几万元，或者给主播刷礼物。这些孩子当然认识钱，但这不代表他们知道钱究竟意味着什么。

犹太人没有这样的思想包袱，他们相信，和孩子谈钱，越早越好。这种观念主要源于他们对金钱的独特认知以及丰富的生活经历。犹太人会主动告诉孩子，那些美味可口的食物不是天上掉下来的，需要花费多少钱，为了赚到这些钱，父母需要工作多长时间，以及父母在工作中承受的辛苦和压力。

在孩子年幼时，犹太人会让孩子做简单的家务，并且给予少许零花钱作为奖励。等到孩子年龄大一点，父母会鼓励孩子到外面参加一些简单的工作。孩子赚的钱，全部存进孩子的小金库里，让他们自由支配。犹太人会告诉孩子，通过自己的劳动赚取金钱是一件理所应当的事情，应该为自己感到骄傲。

智慧故事

在约翰的班级里，有不少家境优越的同学。他们总是玩着最新款的玩具，每天吃着美味的零食。虽然约翰的家里很富裕，但是爸爸给他的零花钱向来很少。这种差距让约翰感到自卑和无助，难道是爸爸太小气？于是，约翰回家以后，把心里的疑问告诉了爸爸。

约翰问爸爸："爸爸，家里最近是不是很缺钱？"

爸爸愣了一下："当然不是，家里一切都好，不缺钱用。你为什么这么问？"

约翰这下更加困惑了："那为什么你不肯多给我一些零花钱呢？"

"看来我给你的零花钱刚刚好，"爸爸笑着说："我来告诉你为什么吧，我小时候非常贫穷，根本没有零花钱，每当我看到别的小朋友能够穿新衣服、买好吃的零食，我都会很羡慕。我太想赚钱了，于是我跟你爷爷商量出去工作，他给我找了份工作，每天早晨在社区里送报纸，就这样，我赚到了一些零钱，它们让我的生活好过了很多。这件事让我明白，要想获得更好的生活，就必须亲自劳力，幸福不会从天上掉下来。"

说到这里，爸爸蹲下身来，摸着约翰的头说："这就是我为什么不给你太多零花钱的原因，我希望你也能明白，生活必须靠自己，不能总是依赖别人。"

约翰若有所思地点了点头，他明白了爸爸的良苦用心。最终，在父子俩的商量下，约翰同意每天帮妈妈做家务，作为报酬，爸爸会给他更多的零钱。

教孩子自己赚钱，是一种有益的教育方式。目的并不是让孩子现在就开始赚钱，为家里分摊压力，而是帮助孩子理解金钱的价值，培养他们的独立性和责任感，让他们在未来的生活中更加自信和从容。

通过这样的教育，孩子亲身体验了赚钱的辛苦，于是才能真正理解金钱的价值。更重要的是，在这个过程中，孩子逐渐摆脱了对父母的依赖，学会独立解决问题和承担责任。这种独立性和责任感的培养，对孩子的成长和未来发展具有重要意义。

不要掉入消费主义的陷阱

消费主义陷阱,本质上是一种诱导消费的行为。一些商家会通过虚假宣传、过度包装、限时优惠等形式,引导人们下单。在心理暗示的作用下,有时我们兴高采烈地购买了一件商品,然而它或许不是我们真正需要的。

犹太人擅长创造财富,因此,他们对消费主义的陷阱的认识更加深刻。在犹太人看来,一个人的价值,应当体现在创造财富,而不是挥霍财富上。很多时候,我们或许觉得自己没买什么,但是各种零散的花销加在一起,就是一笔不小的费用。如果不能认识到这一点,就会陷入"穷人越来越穷,富人越来越富"的循环中。

衣食住行是人类的基本需求,这些方面的消费不仅仅能够让我们生存下去,还可以提升生活的品质和幸福感。但也应当量力而行,如果为了买了一件东西,花出去的钱太多,严重影响了生活的其他方面,带来的收益却几乎没有,那么这种行为显然是不理智的。因此,我们要做的并不是不让孩子买东西,而是要让孩子明白,消费是为了满足需求和提高生活质量,而不是盲目追求奢侈和虚荣,要明智地购买自己真正需要的东西。

由于年龄的限制,孩子还没有创造财富的能力,对金钱的认识很浅薄,更容易受到诱惑,做出不理智的消费行为。这种超出自身能力的消费行为,一旦形成习惯,将会影响孩子的一生。警惕随处可见的消费主义陷阱,是我们积累财富的第一步。因此在犹太人看来,父母有责任帮助孩子认清消费陷阱,养成谨慎消费、勤俭节约的习惯。

智慧故事

瑞克兴冲冲地回到家,手中紧紧握着一张海报,那是一款最新发布的限量版球鞋广告。他把海报递给正在看电视的妈妈,兴奋地介绍着这款球鞋的设计理念和独特之处,眼中闪烁着期待的光芒。然而,妈妈的反应却让他有些意外。

妈妈仔细地翻看着海报,眉头却逐渐紧锁。她语重心长地对瑞克说:"我知道你很喜欢这款球鞋,但是你也知道,它的价格太贵了。"

瑞克说:"妈妈,我太喜欢这双鞋了,我平时又经常打篮球,需要一双好鞋子。而且它是限量版的,错过了就没有了。"

妈妈叹了口气,继续说道:"我知道你喜欢球鞋,但是这款球鞋真的值这么多钱吗?现在有很多商人,拿一些商品来炒作,造成价格疯涨。想一想，市场上卖的普通球鞋，穿上不也一样舒适吗？而且，你现在正是长身体的时候，脚型也会不断变化，这款球鞋你可能穿不了多久就会闲置了。"

妈妈的话让瑞克陷入了沉思。他确实没有仔细考虑过这些问题，只是被球鞋的外观和限量版的标签所吸引。他开始意识到，自己可能真的不够理智。

妈妈见瑞克陷入了沉思，便继续说道："瑞克，很抱歉，我知道你很扫兴。妈妈答应你，下次去商场的时候，我陪你去买一双新球鞋。"

听了妈妈的话，瑞克逐渐打开了心结。

教会孩子如何区分"需要"和"想要"，这是避开消费主义陷阱的关键。我们需要食物、衣物和住所，这些是基本的生活需求。但我们对最新款手机、时尚服饰和昂贵玩具的渴望，往往只是出于一时的冲动和虚荣心。我们要让孩子明白，满足基本需求是生活的必要条件，而追求奢侈则是个人选择，应当谨慎对待。

总之，教会孩子避开消费主义的陷阱，是一项长期而艰巨的任务。但只要我们坚持不懈，用正确的价值观引导他们，相信他们能够成长为理智、独立、有责任感的人。

选择职业不能只考虑赚钱

在孩子成长的过程中，选择职业是一个至关重要的决策。然而，许多父母和孩子往往陷入了一个误区，那就是过分关注职业的薪资待遇，而忽视了其他更为重要的因素。

犹太人虽然热爱财富，但是真正的财富远非金钱所能涵盖，除了金钱以外，健康、知识、爱情等，都是值得珍惜的财富。因此在教育子女选择职业时，犹太人会告诉子女，应当从多个方面进行考虑。

金钱虽然重要，但它并不是衡量职业价值的唯一标准。一份工作，即使薪资再高，如果无法激发我们的兴趣，无法让人从中获得成就感，甚至会让人感到厌烦和痛苦，那么这份工作对我们来说很可能是毫无意义的。因此，在教育子女时，应当考察他们的兴趣、特长和价值观，鼓励他们找到那份能够给自己带来快乐、带来成就感的工作。

当然，选择职业不仅要考虑个人兴趣和能力，还要结合社会环境的实际情况。父母可以根据孩子的爱好，搜集相关行业的信息，将未来可能遇到的困难告诉孩子，并且帮助他们制订学习计划。

另外，我们还需要告诉孩子，职业不是自己一个人的事，因为个人所从事的职业也会对社会产生影响。一份有意义的职业，不仅能够让我们实现自我价值，更能够为社会做出贡献，所以，我们应当引导孩子选择那些能够为社会发展带来正面影响的职业。

智慧故事

在一个充满阳光的小镇上，住着一个名叫卢卡斯的孩子。和其他孩子一样，卢卡斯每天都在无忧无虑地玩耍。当父母问起未来的梦想时，卢卡斯给出了很多答案，有时是商人，有时是画家，有时是宇航员。直到一次意外事故的发生，彻底改变了卢卡斯。

有一天，卢卡斯和同学像往常一样在屋外玩耍，为了捡起皮球，同学跑到了马路上，不幸被疾驰而过的汽车撞倒了。看着倒在地上痛苦呻吟的同学，以及被鲜血浸湿的衣服，卢卡斯吓坏了。幸亏司机是个负责的人，他通知了孩子的家人，又开车把孩子送到了医院。

在医院里，卢卡斯亲眼看着医生为同学清洗伤口，然后将伤口缝合、包扎。在这个过程中，卢卡斯始终沉默着。他看着医生熟练的操作，感受着同学承受的痛苦，心中充满了敬佩和感激。他知道，正是因为有了这些医生，他们才能在病痛面前保持坚强和勇敢。

回家以后，卢卡斯平静地对父母说："我以后要当一名医生。"

看着卢卡斯的表情，父母知道，他不是在开玩笑。为了帮助卢卡斯实现他的梦想，父母开始为他制订职业规划。他们从图书馆里借来了一些关于医学的科普书籍，还为他报名参加了医学夏令营活动，让他在实践中学习和成长。卢卡斯非常珍惜这些机会，他努力学习，不断进步。多年以后，他终于考上了一所医学院。

　　在人生的旅途中，职业选择至关重要，它关乎我们的兴趣、能力、价值观以及未来的发展方向。因此，如何帮助孩子做出明智的选择，是每个父母都需要面对和思考的问题。

　　父母不能代替孩子选择职业，但可以教孩子正确的方法，帮助他们建立起独立、自主的职业选择能力。只有这样，孩子才能在未来的职业生涯中走得更远、更稳。

智慧启示录

少儿财商教育问与答

少儿财商教育作为培养孩子理财观念和技能的重要手段，对孩子未来的成长具有重要意义。然而在现实生活中，财商教育又是容易被父母忽视的，很多父母不知道如何对孩子进行财富启蒙教育，甚至不知道该不该做。这里，将针对一些常见问题，为父母提供解答。

1. 真的有必要给孩子做财富启蒙吗

答案是肯定的。在孩子的成长过程中，他们会接触到各种与金钱有关的事物，如零花钱、压岁钱、购物等。如果孩子没有正确的金钱观念，他们可能会过度消费、攀比或产生贪婪心理。而通过财富启蒙教育，我们可以帮助孩子了解金钱的来源、价值以及使用方式，在潜移默化中养成理财的意识。

2. 财富启蒙会不会让孩子变成财迷

引导孩子树立正确的金钱观，也是财富启蒙的内容之一，因此它并不会让孩子变成财迷。相反，通过让孩子管理自己的零花钱或者参与家庭的一些经济决策，可以让他们明白自己的行为会对财务状况产生影响，从而培养他们的责任感和自律性。这样的教育方式，有助于孩子形成健全的人格，避免成为只看重金钱的"财迷"。

3. 培养孩子的财商，到底在培养什么

培养孩子的财商，表面上看是让孩子学会如何管理金钱，但更深远的意义在于帮助他们建立起正确的人生观和价值观，培养他们的责任感和自律性，为未来的生活打下坚实的基础。例如，在管理"小金库"的过程中，孩子需要为自己的决策负责，学会控制自己的欲望和冲动，避免过度消费和浪费。这种责任感和自律性，将使他们成为更加成熟、稳重的人，这才是父母应当着重培养的。

第九章
犹太家庭教育的六条准则

犹太家庭非常重视孩子的情感教育，这对孩子的个性塑造、价值观形成都会产生深远的影响。建立良好的亲子关系，培养孩子优良的品德素质，都是家庭教育的核心内容。为此，父母必须从自身做起，审视自己的教育方式，让家庭成为孩子成长的港湾。

父母应当树立威信

父母是孩子的监护人，也是孩子成长过程中的引路人。对孩子来说，父母的决定是充满威信的。

父母的威信重要吗？很重要。相信不会有人对这个回答有异议。当孩子年幼时，父母一说话，孩子害怕父母的责罚，于是立即遵从，这就是父母的威信。即便孩子长大了，父母的意见仍旧能够产生影响，因为孩子明白父母是在为自己规避风险。这说明父母的威信并非都是因为孩子害怕，而是来自心底的认同与尊重。

让父母感到头痛的是，孩子稍微长大一点的时候，自主意识增强，经常和父母顶嘴，甚至会误解父母并不爱自己，此时父母的威信就显得尤为重要。

那么父母的威信是如何树立起来的呢？家庭教育的经验告诉我们：威信不是靠打骂，也不是靠溺爱，而是说服和引导，让孩子明白父母的爱，明白事情背后的道理。这不是一天两天就可以办到的，它是一种温和的力量，如同春风化雨，需要长时间的浸润，才能悄无声息地滋润着孩子的心田。

威信应被用来引导孩子做正确的选择，而不是被滥用。父母应该尊重孩子的个性，尊重他们的选择，即使孩子与自己的意见不同。

智慧故事

在遥远的小村庄里，生活着巴拉姆先生一家，他有一个温柔贤惠的妻子和一个16岁的儿子。

儿子渐渐长大，巴拉姆先生发现，他开始变得不听话了，脾气越来越大，有时还会和自己故意对着干。尽管经常对儿子好言相劝，可他却根本听不进去。村里的老人私下找到巴拉姆先生，对他说："你应该对他凶一点，让他怕你，这样他才能听你的话。"但巴拉姆先生总是不以为然，在他的记忆里，小时候的儿子那么乖巧可爱，从来不跟他顶嘴。他相信，儿子只是长大了，和其他所有的孩子一样，开始有了自己的想法，因此性格有点叛逆，只要时间久了，儿子自然会变得成熟的。

然而，事情的发展并未如他想象的那么美好。有一天，儿子和别人发生了口角，二人打了起来。在情绪的刺激下，儿子用力挥舞着拳头，将那人打得满脸是血。很快，当地的警察就将他们逮捕了。事后，儿子被判处三年刑期。

当同村的人赶来报信时，巴拉姆先生被这个消息震惊得说不出话来。他赶紧跑到监狱，看到了一脸颓丧的儿子。巴拉姆先生此时后悔不已，他痛哭流涕，对着儿子忏悔，应该好好管教他。但此时一切都晚了。

父母在孩子面前缺乏威信，是孩子不听父母教导的重要因素。然而，如何有效地树立威信，是许多父母面临的挑战。有些父母错误地认为，通过严厉的管教、减少笑容，甚至制造紧张氛围，就能在孩子心中树立威信。这种做法其实是对威信的误解。

威信的建立是一个循序渐进的过程，需要时间和耐心，需要家长采用恰当的教育方法，与孩子建立起一种基于尊重和爱的互动关系，长此以往，威信就会自然而然地形成。父母不应该刻意追求树立威信，因为这样做往往适得其反。尤其要避免使用高压或专制的方式来追求威信，因为这样做只会让孩子感到压抑和恐惧，进而破坏亲子关系的和谐。

温柔而坚定的教育方式

想一想，当孩子犯了错或行为未能达到父母的期望时，许多父母的反应是什么样的呢？有些父母会直接告诫孩子"你不应该这样"，或是表达他们的不满：你这样，爸爸妈妈会不高兴的。更有些父母在情绪激动时，会对孩子发火。这些做法，虽然能在短期内让孩子不再重复犯错，但是从长期来看，这并不是理想的处理方法。

针对这种情况，犹太人有自己的理念。他们认为，教育孩子的时候，放任孩子犯错和一味地惩罚，都不可取。前者让孩子越错越深，后者则会伤害亲情。理想的方式，是用温柔而坚定的态度，帮助孩子改正错误。

温柔，无疑是关爱与尊重的代名词。孩子与父母的关系最为亲密，因此，父母首要的任务便是给予孩子充分的尊重、认同与爱。无论孩子做了什么，父母应避免过度评判其行为的对错，转而提供支持和帮助，让孩子深切感受到被尊重和被理解。

然而，仅有温柔是不够的，坚定同样不可或缺。坚定意味着为孩子设定明确的规则和界限，让他们清楚哪些行为是值得鼓励的，哪些是不被接受的。当孩子触碰到规则的红线时，父母需果断地予以指正，让孩子明白行为需要承担后果。同时，坚定也体现在父母在孩子遇到困难时不求回报地给予支持和鼓励，帮助他们战胜挑战，实现自我成长。

在这种既和善又坚定的氛围中，孩子才能培养出自律、责任感、合作精神以及解决问题的能力，才能掌握那些将使他们受益终身的社会技能和生活技能，也才能在学业上取得优异的成绩。这种教育方式，无疑是为孩子铺设了一条通往成功与幸福的康庄大道。

智慧故事

在一个安静的午后，阳光洒在大地上，给这个平常的日子增添了几分温暖。苏珊正在厨房忙碌着，她的儿子瑞克正在客厅里学习。

这份宁静很快被一阵敲门声打破了。苏珊让儿子先去开门，她洗完手以后就会出来。当她从厨房里走出来时，发现来者是一个上门推销的推销员，正笑容满面地站在门外。推销员热情地从身后背着的包里拿出一些商品，向苏珊介绍它们的功用。

苏珊看了一眼就婉拒了："辛苦你了，这些东西我们家里都有，暂时不需要。"推销员则继续推销，试图说服苏珊。

这时，瑞克不耐烦地对推销员大声说："你快走呀，我们不需要你的东西！"这突如其来的吼声，让推销员十分尴尬，随后便离开了。

等推销员走后，苏珊来到瑞克身旁，看着他，一句话也不说。瑞克这才意识到，自己可能犯错了。他忐忑不安地看着母亲，不知该说什么。

苏珊说："刚才那个人，虽然是个推销员，但也是个客人，并没有做错什么。你应该用礼貌的语言和态度来对待他，这是对他人的尊重。如果以后你成为一个推销员，去别人家里推销，你希望别人对你大吼大叫吗？"

瑞克听了妈妈的话，低下了头。他意识到自己的错误，心里感到有些愧疚。他抬起头，看着苏珊，小声地说："妈妈，我知道错了，以后不会这样了。"

看着儿子懂事的样子，苏珊心里感到十分欣慰。她知道，这次经历对瑞克来说是一个宝贵的教训，他将学会尊重他人、理解他人的辛苦。而她作为母亲，也会继续引导他成为一个有礼貌、有教养的好孩子。

教育孩子，并非只有溺爱和严厉两种，犹太人温柔而坚定的教养方法值得我们学习。温柔和坚定并非相互排斥，而是相辅相成。在教育孩子的过程中，父母要灵活运用这两种方式，根据孩子的实际情况和需求，调整教育策略。在关爱与尊重的基础上，制定明确的规则和界限，引导孩子树立正确的价值观和人生观。

表达不满时，切忌羞辱孩子

父母在教育孩子时，难免会变得特别生气，一些父母难掩心中的怒火，可能会口出恶言，用难听的话语责骂、羞辱孩子。

尽管孩子年纪尚小，但他们同样拥有自尊心，无法承受来自亲人特别是父母的打击。他们之所以不反抗，并非因为他们不生气、不悲伤或不害怕，而是因为他们深知自己依赖父母或其他亲人生活。他们渴望被理解和尊重，但面对父母的打击，只能默默忍受。

羞辱孩子，无论是言语上的讥讽，还是行为上的贬低，都会给孩子带来深深的伤害。如果父母习惯用侮辱和谩骂的方式对待孩子，甚至用嘲讽的语言去伤害他们，这将对孩子的内心世界造成巨大的冲击。孩子在这样的环境中长大，会渐渐失去内心的安全感，对父母的依赖和信任也会逐渐瓦解。未来在面对困难和挑战时，经常被父母羞辱的孩子会更加容易感到害怕和不安，缺乏面对困难的勇气和决心。

尊重和理解是教育孩子的基石。父母应该以开放的心态去接纳孩子的优点和不足，用鼓励和引导的方式去帮助他们成长。当孩子犯错时，父母应该以平和的态度指出问题，帮助他们分析原因，并引导他们找到正确的解决方法。这样，孩子不仅能从错误中学习到东西，也能感受到父母的支持和理解。

同时，父母还需要注意自己的言行举止，避免在孩子面前流露出负面情绪或做出不恰当的行为。父母的行为和态度都会对孩子产生深远的影响，因此，父母需要尽量保持冷静和理智，以良好的榜样去引导孩子。

智慧故事

威兰出生于一个银匠世家，他的父亲没有什么文化，经营着一家银器饰品店，凭借着精致和考究的商品，在当地获得了不错的收入。每逢重大庆典，人们都会前来请求他制作首饰和器皿。威兰的母亲出身于文化世家，她希望儿子能够成为一位学识渊博的学者。因此，她带着年幼的威兰去外祖父家住了几个月，并在那里学习数学知识。

然而，威兰的父亲还是将他带回了家中。威兰很想回去继续学习，不料父亲却说："学那么多知识有什么用，我从来都没读过书，能够走到今天，都是靠着手艺。再说了，你笨得就像城墙一样，肯定不是读书的料，你还是跟着我学手艺吧。"威兰只好听从父亲的安排。

一天，在学习制作银器时，他不小心弄坏了一个杯子，那是父亲花了几天几夜制成的。父亲顿时暴跳如雷，狠狠地扇了威兰一巴掌，骂道："我早说过，你比城墙还笨，真是一点用也没有。"

在父亲的羞辱下，威兰的自尊心受到了极大的打击，他甚至开始怀疑自己的能力，认为自己真的太笨了。他渐渐变得沉默寡言，怎么也开心不起来。

不久，父亲因为首饰交易的账目混乱而倍感焦虑，一旁的威兰看着账本，脑海中尘封的知识涌现出来，他只用了几个小时，就把混乱的账目整理得井井有条。当威兰将整理好的账目交给父亲时，父亲惊讶得张大了嘴巴。那一夜，父亲彻夜难眠，他意识到自己的决定是错误的。

第二天清晨，父亲敲响了威兰的房门，诚恳地向他道歉，并承诺支持他继续读书。经过这件事以后，威兰也终于拾回了自信。

孩子犹如一棵树苗，需要时间去扎根，才能茁壮成长，而父母是他们成长道路上不可或缺的陪伴者。在教育孩子的过程中，我们不能操之过急，要有足够的耐心。当孩子犯错时，父母更要学会宽容和理解，而不是因为一点小事就对他们的能力全盘否定，应该用欣赏的眼光去发现孩子的优点，而不是紧盯着他们的缺点进行严厉的指责。这样，才能更好地履行做父母的职责，更好地引导孩子成长，为他们的未来打下坚实的基础。

在孩子面前没有谎言

在这个复杂的世界里,谎言是人们无法摆脱的魔咒。人们之所以说谎,有时是为了保护自己,有时是为了维持友情,有时则只是为了面子。然而,谎言其实是一种逃避责任、不敢面对事实的表现。说谎者可能自以为聪明,能够瞒天过海,但事实不会因为谎言而改变,只能是自欺欺人。

父母都期望自己的孩子能够真诚待人,诚实守信,成长为一个值得信赖的人。然而,令人遗憾的是,许多父母自己却在不经意间当着孩子的面说谎。例如,为了避免参加某个不喜欢的聚会,父母可能会在孩子面前假装生病或加班。

父母是孩子的第一任老师,他们的言行举止对孩子有着潜移默化的影响。如果孩子在一个充满谎言的环境中长大,就可能会认为说谎是一种正常的、可接受的行为,甚至开始模仿父母的行为。这种认知偏差将严重影响孩子未来的人际交往能力和道德观念。

犹太人非常重视诚信，他们不会对孩子说谎，同样不允许孩子说谎。说谎的原因多种多样，可能是因为害怕惩罚、想引起关注、模仿他人行为，或者是出于自我保护的本能。当孩子说谎时，父母往往会感到生气和失望，但这并不是解决问题的最佳方式。相反，父母应该保持冷静，耐心地与孩子沟通，了解他们的真实想法和感受。通过倾听孩子的心声，父母可以更好地把握他们的心理需求，从而找到解决问题的关键。

诚实和守信是每个人应该具备的品质，父母要在日常生活中为孩子树立榜样，让他们明白诚实的重要性。同时，父母要教育孩子认识到说谎的严重后果。只有这样，我们才能帮助孩子克服说谎的习惯，让他们在成长的道路上更加自信、阳光。

智慧故事

杰克是个聪明伶俐的孩子，但他的一个小毛病却让父母十分担忧——那就是他常常说谎。父母深知，如果不及时纠正这个习惯，将会对杰克的未来产生极大的影响。于是，他们决定帮助杰克改掉说谎的毛病。

一天晚上，杰克躺在床上，等待父亲给自己讲睡前故事。父亲给他说了一个小猫撒谎的故事：

一只小猫误打误撞地进入了森林深处，它长着一身金黄色的毛发，看上去就像一只威风凛凛的老虎。这时旁边路过一只小兔子，兔子惊讶地问道："你是老虎吗？"小猫撒谎说："对，我就是老虎。"小兔子一听，吓得魂飞魄散。小猫看到这一幕，心中暗自窃喜。于是，它继续以谎言恐吓其他小动物，吓得它们纷纷逃离。

然而，这一切都被树上的小猴子看得一清二楚。小猴子迅速召集了小动物们，把真相告诉了大家。于是，大家躲起来，等到小猫过来的时候，一边大喊"打老虎"，一边扔石头。小猫被打得嗷嗷直叫，赶紧大喊："别打了，别打了，我不是老虎，我是小猫啊！"小动物们这才停下手，围上来质问："那你为什么要欺骗我们？"小猫无言以对，心中满是懊悔，后悔自己不该撒这个谎。

父亲对杰克说："这个故事告诉我们，说谎是一个很不好的习惯，会让大家都讨厌你的。"杰克点了点头，从此以后再也不敢说谎了。

在陪伴孩子成长的岁月里，难免会遇到一些令父母倍感困惑的难题。但无论情况多么棘手，父母都不应该让孩子生活在谎言的世界里。孩子虽小，却具备感知信任与否的能力。如果长期生活在充满谎言的世界里，孩子将会对人失去信任，甚至连父母也不再信任。有时，孩子之所以会变得叛逆、不听话，很可能是因为他们在成长过程中受到了父母不诚实教育的影响。

过度表扬反而会害了孩子

随着育儿观念的迭代，越来越多的父母开始摒弃"不打不成器"的老旧思想，转而追求更为科学、人性化的教育方式。其中，将"批评为主"的教育方式转变为"表扬教育"尤为流行。然而，我们必须清醒地认识到，任何事物都有其两面性。适度的表扬确实可以激发孩子的自信心和乐观态度，但过度表扬却可能给孩子带来一系列负面影响。

犹太人认为，首先，过度表扬容易导致孩子产生依赖心理。孩子可能会认为，只有得到父母的赞美才能证明自己的价值，从而逐渐失去独立思考和自我评价的能力。这种依赖心理会让孩子在未来的成长过程中缺乏自主性和解决问题的能力。

其次，过度表扬还可能削弱孩子的抗挫折能力。在父母无原则的赞美声中，孩子可能会变得骄傲自满，不再愿意听取他人的批评和建议。一旦遭遇挫折或失败，他们可能会因为无法接受现实而遭受巨大的心理打击。

最后，过度表扬还可能降低父母的话语权威性。当孩子习惯了无限制的赞美时，可能会对父母的教诲变得不再重视，甚至为了迎合父母的期望而刻意表现。比如，一个学生走在校园里，看到路上有垃圾，如果老师刚好在旁边，他就会捡起来。而老师不在的话，他就不会捡，理由很简单，做这件事不会得到任何表扬。这种对表扬的追求，实际上是为了满足自己的虚荣心。

因此，适度表扬尤为重要。表扬要具体、真诚，该表扬的时候就表扬，该批评的时候也要批评，不要让你的表扬变得廉价。

智慧故事

罗特姆女士的女儿正在读中学，女儿的梦想是考上心仪的大学，为此她每天都努力学习，然而繁重的学业也让她倍感压力。看着女儿疲倦的样子，罗特姆女士非常心疼，她决定用自己的力量帮助女儿缓解压力。

自此，罗特姆女士的家中充满了各种对女儿的夸赞之声。无论是女儿完成了什么任务，哪怕是微不足道的小事，罗特姆女士都会大加赞赏，甚至开始刻意为女儿创造被表扬的机会。在下象棋或是做游戏时，她会故意输给女儿，然后给予她极高的评价，诸如"你真是个天才！""你真是无人能敌！"。在她看来，这种鼓励能推动女儿不断向前。

起初，这种"甜蜜的攻势"确实让女儿有所进步。然而，女儿很快就对此感到厌倦了。她的脾气也开始变得急躁，甚至与母亲争吵起来。

更令人担忧的是，女儿似乎对任何形式的批评都显得极为敏感，即使是善意的、轻微的提醒，她也无法接受。一旦受到指责，她的脸色就会立刻变得阴沉，仿佛戴上了一层"防护罩"。罗特姆女士还从老师那里得知，女儿在学校也表现出了同样的反应，对于自己的错误，她无法接受任何形式的提醒，有时甚至会因为老师的一两句提醒而泪流满面。

罗特姆女士后悔不已，她本想帮助女儿，却没想到帮了倒忙。

表扬虽然是一种积极的激励方式，但过度表扬却可能带来一系列潜在的问题，适度的表扬才是更为有效和适宜的激励方式。适当的赞美能够帮助个体更好地认识自己、发挥潜力并实现个人成长。因此，在家庭中，父母应该注重适度表扬的重要性，避免过度表扬对孩子造成危害。

对孩子的承诺一定要兑现

在孩子的成长过程中,父母免不了用许诺的方式安抚或鼓励孩子,然而事后这些诺言却往往不能如期兑现。当孩子因为某事哭闹不止时,父母为了安抚情绪,可能会随口承诺"别哭了,妈妈下次带你去游乐场"。然而,在父母心中这些看似无足轻重的承诺可能只是过眼云烟,但在孩子心中却可能种下了期待的种子。

孩子天生具有模仿能力,他们会观察并学习父母的言行举止。若父母频繁许下承诺却未能实现,孩子不仅会感受到失望,更会对父母的诚信产生怀疑。一次次的期待落空,会让孩子的信任感逐渐消磨,甚至可能影响他们未来的人际交往能力。

反之,若父母能够言出必行,兑现对孩子的承诺,不仅会增强孩子对父母的信任,还会为他们树立一个积极正面的榜样。孩子会从中学习到诚信的重要性,明白承诺的分量,并在今后的生活中努力做到信守承诺，成为一个值得信赖的人。

犹太人深知承诺的重量，他们不会轻易许下诺言，因为一旦承诺无法兑现，所带来的伤害远比不承诺更大。这条原则同样适用于家庭成员之间。在许下承诺之前，父母应该深思熟虑，确保自己有能力且真心实意地想要实现这个承诺。对于原则性的问题，更是要谨慎对待，不要轻易向孩子妥协。

当然，生活中难免会有意外情况导致承诺无法兑现。这种情况父母应该及时向孩子解释原因并道歉，而不是找借口搪塞。同时，父母还应该尽力弥补孩子的失落感，比如通过其他方式给予孩子关爱和陪伴，以减轻他们的失望情绪。

总之，父母在孩子面前应该言出必行，树立诚信榜样。通过兑现承诺，父母不仅能够赢得孩子的信任，还能够为他们的成长提供积极的引导和支持。

智慧故事

阿米特的家里有一间低矮破旧的小房子，平时用于堆放杂物。有一天，阿米特的父亲在打扫卫生的时候，看着那间破旧的小房子，对小阿米特说："这间房子实在太脏了，也太旧了，我真想把它拆了，重新盖一间漂亮的小房子。"阿米特听到父亲的话，顿时来了兴趣，于是他向父亲提出了一个请求："爸爸，等我从学校放假回来再拆那座小房子好吗？我想看看拆小房子的过程。"

父亲为了让儿子专心学业，并未多想，便答应了他的请求。然而，没过几天，父亲就把这件事忘到脑后了。当阿米特放假回家后，满心欢喜地想要看拆小房子的场景，却发现父亲完全没有再提起这件事。他疑惑地对父亲说："爸爸，我们什么时候把它拆了呀？"

父亲这才想起对儿子的承诺，心中满是愧疚。他坦诚地对阿米特说："孩子，很抱歉，爸爸忘了这件事，但是我答应你的事情就会做到。"

于是，父亲立即找来工具，当着小阿米特的面，动工拆除了小房子。尽管家境并不富裕，但阿米特的父亲却用行动向儿子展示了信守承诺的重要性，他用自己的方式弥补了失信的过失。

诚信待人，是展现一个人品格的重要方式。一个人若能做到言出必行，信守承诺，那么他自然会散发出独特的人格魅力；反之，如果一个人对待承诺如同儿戏，轻易违背，那么这样的人很难得到他人的尊重和信赖。因此，在家庭教育中，我们需要反复强调信守承诺的重要性，帮助孩子树立诚信观念，培养他们的诚信品质。

智慧启示录

沟通与理解，构建和谐亲子关系

有一种观点认为，孩子在成长过程中表现出的焦虑、抑郁、自卑、叛逆等问题，并不是突然出现的，而是由亲子关系决定的。亲子关系是孩子最早接触，且最为重要的人际关系，对他们的性格形成具有深远的影响。因此，家庭教育对孩子显得尤为重要。

1. 为什么孩子越长大，越难管

随着年龄的增长，孩子的自我意识逐渐增强。小时候，孩子会依赖父母，对父母的指令和教诲容易接受。然而，随着他们进入青春期，开始形成自己的世界观和价值观，对父母的观点和行为开始产生怀疑。孩子有了自己的想法和主张，增加了父母管教的难度。对父母来说，这时需要保持耐心和理解，调整教育方式，以适应孩子的成长需求。

2. 如何接纳孩子的负面情绪

孩子出现负面情绪是十分正常的，他们在面对新环境、新任务或人际关系时，往往会产生不安、焦虑、沮丧等情绪。这些情绪是他们成长过程中的一部分，父母不需要感到过于焦虑，应该以包容和理解的心态去接纳孩子的负面情绪，而不是责备或忽视。同时，引导孩子寻找解决问题的办法，让他们学会从困境中寻找机会和成长。

3. 父母该如何拒绝孩子的要求

拒绝孩子的要求，是父母必须面对的问题。让很多父母感到困扰的是，拒绝孩子的不合理要求时，总是引起孩子的失望甚至愤怒。其实，这也是亲子沟通出现了问题，让孩子无法和父母产生共情。父母首先应该认真倾听，让孩子感受到尊重，然后给出合理的解释，或者寻求替代方案。这是一个教育孩子理解规则、尊重他人和独立思考的重要机会。

4. 孩子不喜欢什么样的父母

家庭教育是孩子逐步成长的阶梯，同时也是大人学习如何成为合格的父母的过程。尽管大多数父母都尽力为孩子提供最好的，但有时他们的某些行为仍然会让孩子感到不满。例如，父母过于严格、缺乏陪伴、经常争吵、不尊重隐私和不守信用等，都会破坏父母在孩子心中的美好形象。